U0234354

Web 3.0
BUILDING THE DIGITAL FUTURE
OF METAVERSE

Web 3.0

构建元宇宙的数字未来

付少庆 郭勤贵 编著

北京理工大学出版社
BEIJING INSTITUTE OF TECHNOLOGY PRESS

图书在版编目（CIP）数据

Web 3.0：构建元宇宙的数字未来 / 付少庆，郭勤贵编著 . -- 北京：北京理工大学出版社，2023.3

ISBN 978-7-5763-2175-3

Ⅰ . ① W… Ⅱ . ①付… ②郭… Ⅲ . ①互联网络②信息经济 Ⅳ . ① TP393.4 ② F49

中国国家版本馆 CIP 数据核字 (2023) 第 041912 号

出版发行 / 北京理工大学出版社有限责任公司

社　　址 / 北京市海淀区中关村南大街 5 号

邮　　编 / 100081

电　　话 /（010）68914775（总编室）

　　　　　（010）82562903（教材售后服务热线）

　　　　　（010）68944723（其他图书服务热线）

网　　址 / http：//www.bitpress.com.cn

经　　销 / 全国各地新华书店

印　　刷 / 三河市中晟雅豪印务有限公司

开　　本 / 880 毫米 ×1230 毫米　1/32

印　　张 / 10.875　　　　　　　　　　责任编辑 / 江　立

字　　数 / 226 千字　　　　　　　　　　文案编辑 / 江　立

版　　次 / 2023 年 3 月第 1 版　2023 年 3 月第 1 次印刷　　责任校对 / 周瑞红

定　　价 / 79.00 元　　　　　　　　　　责任印刷 / 施胜娟

2021 年下半年，Web 3.0 的出现给平淡且落寞的互联网带来了久违的振奋，个人、企业、机构纷纷抢滩，"跑步进入Web 3.0" "All in Web 3.0"，成为人们口中时髦的词汇，而且越来越多的资金正在流入 Web 3 领域，很多人想抓住这个"互联网的下一个时代"。随着入局者、探索者，以及应用产品越来越多，Web 3.0 逐渐从一个模糊的概念变得更为具体和可触摸。

为了理性地看待 Web 3.0，了解 Web 3.0，还要从它的基础设施核心——区块链谈起。区块链技术发展了将近 15 年，其自身的技术也逐渐完善起来，已经从区块链 1.0 时代发展到区块链 2.0 时代，其应用也从最初局限于数字货币，发展到数字货币加上智能合约的丰富功能时代，相关的产品和生态也变得更加丰富。这些基础设施的发展，为 Web 3.0、NFT、DAO、元宇宙等新事物的发展奠定了基础。

Web 3.0 的概念从 2006 年提出，到区块链诞生后才有了建设的基础，经过几年的发展，已经初现成果。Web 3.0 的技术栈从理论到初期实践已经在进行中，Web 3.0 的应用已经从区块链系统的原生应用扩展到 GameFi、SocialFi 等更具时代特点的去中心化应用。

随着使用场景的丰富，Web 3.0 的基本元素 FT、NFT、SFT

都已经出现，并且在扩展相关协议。FT 的概念在 NFT 产生后才被这样命名，但 FT 的发展最早，应用也相对成熟，基于 FT 的 DeFi 已经成为 Web 3.0 的经济系统。

NFT 的概念发展较晚，目前正在经历第一次发展热潮，NFT 作品和 NFT 交易平台吸引众人的眼球，NFTFi 也在探索中，但目前还不够成熟。NFT 的唯一标识性和可编程性使 NFT 未来的应用前景更广阔。

DAO（去中心化自治组织）是 Web 3.0 时代出现的一种重要应用，是 Web 3.0 时代的组织机制。DAO 超越了传统的公司制，并表现出与公司制较大的不同。DAO 是一个新生事物，还在发展中，在表现出一些优势的同时，也显现出一些不足，还需要较长时间的发展和完善。

元宇宙是与 Web 3.0 同样火热的概念，各行各业的人都在讨论这个概念。什么是元宇宙？元宇宙由哪些事物组成？具有什么样的能力？本书用宇宙七级文明的知识介绍，加上使用"盲人摸象"的方式，汇集几个典型代表的观察和理解，形成一个清晰的元宇宙概念。其中，Web 3.0 在为元宇宙建设经济系统和组织结构。

2020 年以来受疫情影响，对人们在线活动也起到了推动作用，将人们的工作更多地推动到线上进行。各个国家整体的 IT 基础设施、网络环境、应用软件都推动了线上活动的发展，使线上活动几乎包含了工作、学习、娱乐等方方面面的内容。这个特殊时期也加速了 Web 3.0 的发展。

Web 3.0 时代与以往的 Web 1.0、Web 2.0 有很大的不同，具有颠覆式创新的特点，这是一个新时代来临的标志，会为各行各业带来新的发展机会，也会推动商业模式、组织结构，甚至是生产关系的变革。我们需要抓住这个时代的发展机遇。

此外，Web 3.0 这个新事物的发展也会带来法律、伦理与监管层面的挑战。但不管怎样，Web 3.0 都会带来巨大的变化，这是一个令人不安又让人期待的时代。

在写作 Web 3.0 的相关内容时，笔者参考了大量的国外文章和报告，在查阅国内文章时发现其内容的源头一般都来自国外。在这些领域美国确实领先很多，有非常多的高水平的工作者，不仅写了很多有深度的文章，还设计了很多新颖的应用。在监管方式上，如果国内能够找到合适的路径，在 Web 3.0 的应用领域中，中国会有更广阔的市场和前景。

笔者在区块链领域探索多年，写作了几本相关图书，并且这两年一直从事 Web 3 领域的产品设计与开发工作，在本书完成时，从头到尾再阅读一遍，应该是把 Web 3.0 的整体内容梳理通顺了。希望这本 Web 3.0 的图书既带有技术的严谨性，又能够用通俗易懂的语言以科普读物的方式展现给读者。因为 Web 3.0 还在发展中，有些内容描述或许不准确或错误，欢迎并感谢读者反馈和交流，这种互动也是学习新事物的一种更有效的方式。

注：在本书中几个概念（Token、数字货币、数字通证、代币）基本上都代表标准概念数字通证，或者概念范围上有一些差别，我们经常会替代使用这几个概念，并不统一，原因主要是为了

保证易于理解，如 NFT，最初的翻译是非同质化代币，大部分文章中也这样表述，如果修改成标准用词非同质化数字通证，反而会让读者不容易理解。

本书中会混合使用 Web 3.0 和 Web 3 两种表述方式：当从更宏观的层面看待事物时，我们用 Web 3.0 的描述方式；当描述具体技术时，我们通常用 Web 3 来描述。

本书中关于元宇宙部分，还会混合使用数字空间与物理空间、现实空间和虚拟空间的概念，使用的场景如果是为了强调现实技术一般会使用数字空间和物理空间的概念，如果是为了强调场景就会使用现实空间和虚拟空间的概念。

目录

第
1
章

Web 3.0 是什么

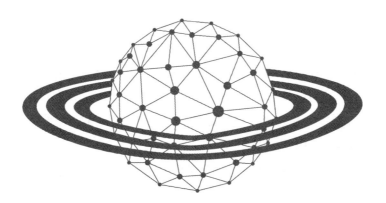

Web 3.0 的概念从 2021 年开始逐渐受到更多人的关注，到了 2022 年，各种媒体、文章都经常介绍相关的内容，很多个人和机构都在讨论 Web 3.0 的相关事物。

在理解 Web 3.0 的概念之前，我们需要先梳理一些与 Web 3.0 相关的常见概念，理解这些概念的区别，会让我们更容易理解 Web 3.0 的内容。

1.1 几个常见互联网概念的定义

最近一年与区块链相关的热点概念比较多，NFT、Web 3.0、元宇宙、价值互联网……众说纷纭。一些概念对于我们信息领域的专业人士来说理解起来都有些混乱，本节将对这些概念之间的关系和知识结构进行梳理。

我们当前描述的与互联网相关的内容有很多名词，梳理一下分类标准会更容易理解相关的概念，下面主要介绍四个分类标准。

（1）Web 3.0 的分类维度按用户可以参与的程度可划分为：只读、读写（参与）、读写 + 拥有或自治。依据这个分类维度，有 Web 1.0、Web 2.0 和 Web 3.0。

（2）移动互联网的分类维度按承载的主体（设备）可划分为：PC 互联网、移动互联网和万物互联网。

（3）价值互联网的分类维度按传递的媒介可划分为：信息与价值。依据这个分类维度，有信息互联网和价值互联网。

（4）元宇宙的分类标准按存在的形式可划分为：现实与虚拟。依据这个分类方式，才有了元宇宙。

注：下面的时间划分并非严格和精确的时间点，因为一些标志性事件的不确定性和歧义性，我们使用的都是被大多数人认可的时间点，通过整理资料，这样的表述整体偏差不大，不影响对事物的描述。新时代萌芽的事情都划分到前一个时代，只有明显的标志性事件发生后，才会确立新时代的开启。

1. Web 1.0、Web 2.0、Web 3.0 的时间划分

Web（World Wide Web）即全球广域网，也称为万维网，它是一种基于超文本和 HTTP、全球性、动态交互、跨平台的分布式图形信息系统。Web 是建立在 Internet 上的一种网络服务，为浏览者在 Internet 上查找和浏览信息提供了图形化的、易于访问的直观界面，其中的文档及超级链接将 Internet 上的信息节点组织成一个互为关联的网状结构，如图 1-1 所示。

（1）前 Web 时代（1967—1994 年）：从 1967 年美国的 ARPNET 产生到 1994 年为前 Web 时代。在前 Web 时代的 1989 年，由 Tim Berners-Lee 领导的小组提交了一个针对 Internet 的新协议和一个使用该协议的文档系统，该小组将这个新系统命名为 World Wide Web，这是 Web 1.0 的孕育阶段。

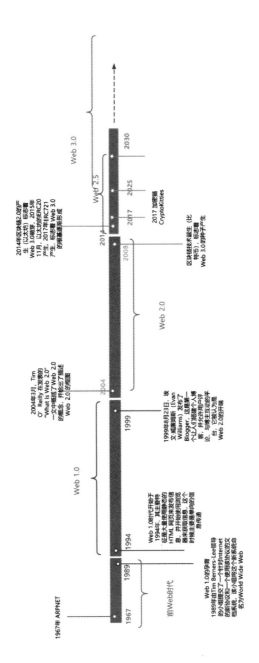

图 1-1 Web 1.0、Web 2.0、Web 3.0 划分示意图

（2）Web 1.0 时代（1994—2004 年）：Web 1.0 时代正式开始于 1994 年，其主要特征是大量使用静态的 HTML 网页来发布信息，并开始使用浏览器来获取信息，这个时代主要是单向的信息传递。

（3）Web 2.0 时代（2004—2025 年）：1999 年 8 月 23 日，埃文·威廉姆斯（Evan Williams）发布了 Blogger，这是第一个让人们搭建个人博客，并允许用户评论、与博主互动的平台，它被认为是 Web 2.0 的开端。2004 年 3 月，Tim O'Reilly 在发表的 *What Is Web 2.0* 一文中概括了 Web 2.0 的概念，并给出了描述 Web 2.0 的框图，这个时间点已经完全进入 Web 2.0。2008 年年底，区块链技术的诞生（比特币）是 Web 3.0 基础设施的种子。因为有了区块链技术，就拥有了 Web 3.0 产生的技术支撑。2014 年，区块链 2.0 的产生（以太坊）标志着 Web 3.0 萌芽的开始。

（4）Web 3.0 时代（2025 年—   ）：Web 3.0 真正的开始还需要一段时间，2015 年 11 月以太坊的 ERC20 的产生、2017 年 ERC721 的产生，是 Web 3.0 的根基逐渐形成和扩大的标志。这个阶段很多人还不认为是 Web 3.0 阶段，更多的人称之为 Web 2.5，我们把 2014 年到 2030 年都认为是 Web 2.5 时代。真正的 Web 3.0 应该会在 2030 年前后开始。我们把 Web 2.5 的成熟期 2025 年定义为 Web 3.0 的开始时间，这个时间点虽然还没有实现完全的 Web 3.0，但已经完全超越了 Web 2.0 时代，适合作为时代的分界点。

2. PC 互联网、移动互联网、万物互联网的时间划分

在理解这个分类维度时，还需要了解联网和非联网时代。在 1967 年 ARPNET 诞生前，计算机之间的网络主要是依靠终端或各种局域网技术相连。从 1967 年开始，计算机之间开始依靠大型的网络相连，如图 1-2 所示。

图1-2 PC互联网、移动互联网、万物互联网划分示意图

（1）PC互联网时代（1981—2010年）：PC是Personal Computer（个人电脑）的缩写，PC互联网大致开始于1981年IBM个人电脑的流行，之前都是大型机、中型机、小型机的时代，计算机还没有进入个人家庭。PC互联网时代的时间很长，一直到2010年前后。

（2）移动互联网时代（2010—2030年）：2007年苹果手机的发布代表移动互联网时代的萌芽。到2010年前后智能手机的大规模应用才标志着移动互联网的产生。

（3）万物互联网时代：万物互联网时代还没有开始，大约会在2030年前后开始，目前所提倡的智慧交通、物联网、智慧家庭是万物互联网的萌芽期。

3. 信息互联网、价值互联网的时间划分

这个分类维度隐含的分类前提是无联网时代和联网时代。在人类科技发展中，经历了自然力、机械力、电力的发展，之后才进入信息化时代，如图1-3所示。

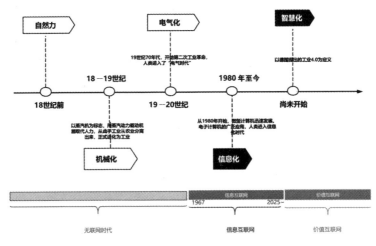

图1-3 信息互联网、价值互联网划分示意图

（1）信息互联网时代（1967—2025年）：从1967年计算机联网开始，就可以认为是进入了信息互联网时代，也有一种观点认为从1981年PC互联网的开始时间是信息互联网的开始。对于这种大时代的区分，不严格限定时间点。

（2）价值互联网时代（2025年—　）：价值互联网时代是从区块链技术诞生后，在网络中可以传递价值开始计算。萌芽期是区块链技术的诞生，但真正的建成要到2025年之后，才可以被大规模应用，这个时间点之后才能称为价值互联网时代。

4. 几个概念的时间对比

有了上面的详细介绍，我们对于几种分类方式的时间点有了比较清晰的认识，放在一起对比，相关概念就会更清晰，如图1-4所示。

5. 宇宙、元宇宙、平行宇宙

元宇宙的详细介绍在后面章节。目前是元宇宙的萌芽期，还没有真正地进入元宇宙时代，并且对于元宇宙的定义还没有明确的标准，每个领域的人员都会用自己的理解来描述元宇宙。对于元宇宙这个庞然大物，我们还不能清晰地分辨它的整个轮廓，后文将用盲人摸象的方法来把这个概念"摸"清楚，如图1-5所示。

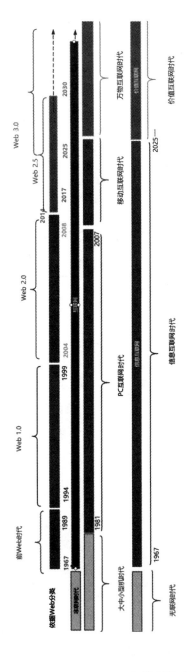

图1-4 几个概念的时间对比示意图

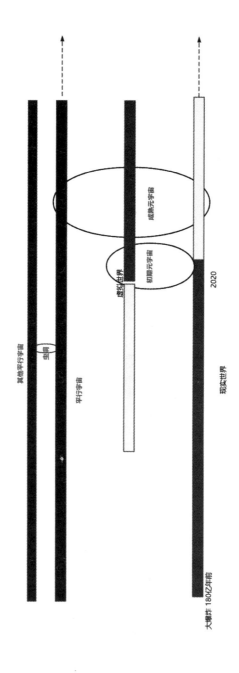

图1-5 宇宙、元宇宙、平行宇宙示意图

6. 几个概念与区块链的关系

很多人会混用 Web 3.0、价值互联网、元宇宙的概念。它们之间的关系大致可以表示为"Web 3.0< 价值互联网 < 元宇宙"，它们是一个更大概念的子集，价值互联网与万物互联网基本相等，如图 1-6 所示。

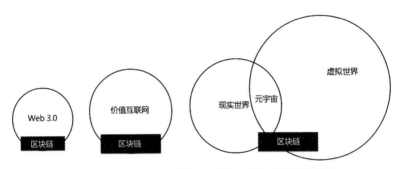

图 1-6　Web 3.0、价值互联网、元宇宙相关示意图

在时间上，Web 3.0、价值互联网、元宇宙开始于相近的时间点，并且它们都是基于区块链技术这个基础设施，很多时候大家也经常称它们为下一代互联网。

1.2　从计算机联网到 Web 的起源
1.2.1　计算机与网络的发展
1. 第一台电子计算机的诞生

1946 年 2 月 14 日，由美国军方定制的世界上第一台电子计算机"电子数字积分计算机"（Electronic Numerical Integrator And Computer，ENIAC）在美国宾夕法尼亚大学问世，如图 1-7

所示。ENIAC 代表人类开始进入电子计算机时代。ENIAC（中文名：埃尼阿克）是美国奥伯丁武器试验场为了满足计算弹道的需要而研制成的，这台计算机使用了 17 840 支电子管，大小为 80 英尺 ×8 英尺[①]，重达 28 吨，功耗为 170 千瓦，它可以进行每秒 5 000 次的加法运算，造价约为 487 000 美元。ENIAC 的问世具有划时代的意义，表明电子计算机时代的到来。在以后 60 多年里，计算机技术以惊人的速度发展，没有任何一门技术的性能价格比能在 30 年内增长 6 个数量级。

图 1-7　电子数字积分计算机

2. 计算机网络的产生

计算机网络主要是计算机技术和信息技术相结合的产物，它从 20 世纪 50 年代起步至今已经有 70 多年的发展历程，在 20 世纪 50 年代以前，因为计算机主机相当昂贵，而通信线路和通信设备相对便宜，为了共享计算机主机资源和进行信息的

---

① 　1 英尺 =0.3048 米。

综合处理，形成了第一代以单主机为中心的联机终端系统。其形式是将一台计算机经过通信线路与若干台终端直接连接，也可以把这种方式看作最简单的局域网雏形。

计算机网络最早源于美国国防部高级研究计划署（Defence Advanced Research Projects Agency，DARPA）的前身 ARPAnet，该网于 1969 年投入使用。由此，ARPAnet 成为现代计算机网络诞生的标志。20 世纪，由 ARPA 提供经费，联合计算机公司和大学共同研制发展 ARPAnet 网络。最初，ARPAnet 主要用于军事研究，它基于这样的指导思想：网络必须经受得住故障的考验并能维持正常的工作，一旦发生战争，当网络的某一部分因遭受攻击而失去工作能力时，网络的其他部分应能维持正常的通信工作。ARPAnet 在技术上的另一个贡献是 TCP/IP 协议簇的开发和利用。作为 Internet 的早期骨干网，ARPAnet 的试验奠定了 Internet 存在和发展的基础，较好地解决了异种机网络互联的一系列理论和技术问题。

1983 年，ARPAnet 分裂为两部分：ARPAnet 和纯军事用的 MILNET。同时，局域网和广域网的产生和蓬勃发展对 Internet 的进一步发展起了重要的作用。其中最引人注目的是美国国家科学基金会（National Science Foundation，NSF）建立的 NSFnet。NSF 在全美国建立了按地区划分的计算机广域网，并将这些地区网络和超级计算机中心互联起来。

1986 年，美国国家科学基金会利用 ARPAnet 发展出来的 TCP/IP 通信协议，在 5 个科研教育服务超级计算机中心的基础上建立了 NSFnet 广域网。由于美国国家科学基金会的鼓励和资助，很多大学、政府资助的研究机构甚至私营的研究机构纷纷把自己的局域网并入 NSFnet 中。那时，ARPAnet 的军用部分已脱离了母网，建立了自己的网络——MILNET。ARPAnet 作为网络之父，逐步被 NSFnet 所替代。到 1990 年，ARPAnet 已经退出了历史舞台。如今，NSFnet 已成为 Internet 的重要骨干网之一。

1.2.2 互联网的诞生

1989 年，由 CERN 开发成功 WWW，为 Internet 实现广域超媒体信息截取 / 检索奠定了基础。在 20 世纪 90 年代以前，Internet 的使用一直仅限于研究与学术领域，商业性机构进入 Internet 一直受到不同的法规或传统问题的困扰。事实上，像美国国家科学基金会等曾经出资建造 Internet 的政府机构对 Internet 上的商业活动并不感兴趣。

最早的网络是由美国国防部高级研究计划局（ARPA）建立的。现代计算机网络的许多概念和方法，如分组交换技术都来自 ARPAnet。ARPAnet 不仅进行了租用线互联的分组交换技术研究，而且做了无线、卫星网的分组交换技术研究，为 TCP/IP 的问世奠定了基础。

1977—1979 年，ARPAnet 推出了如今形式的 TCP/IP 协议。1980 年前后，ARPAnet 上的所有计算机开始了 TCP/IP 协议的转换工作，并以 ARPAnet 为主干网建立了初期的 Internet。

1983 年，ARPAnet 的全部计算机完成了向 TCP/IP 的转换，并在 UNIX（BSD4.1）上实现了 TCP/IP。ARPAnet 在技术上最大的贡献就是 TCP/IP 协议的开发和应用。两个著名的科学教育网 CSNET 和 BITNET 先后建立。

1984 年，美国国家科学基金会规划建立了 13 个国家超级计算中心及国家教育科技网，随后替代了 ARPAnet 的骨干地位。

1988 年，Internet 开始对外开放。

1991 年 6 月，在连通 Internet 的计算机中，商业用户首次超过了学术界用户，这是 Internet 发展史上的一个里程碑，从此 Internet 的成长速度一发不可收拾。

1.2.3　商用的开始

1991 年美国的三家公司分别经营着自己的 CERFnet、PSINet 和 AlterNet 网络，可以在一定程度上向客户提供 Internet 联网服务。它们组成了"商用 Internet 协会"（CIEA），宣布用户可以把他们的 Internet 子网用于任何的商业用途。Internet 商业化服务提供商的出现，使工商企业终于可以堂堂正正地进入 Internet。商业机构一踏入 Internet 这一陌生的世界就发现了它在通信、资料检索、客户服务等方面的巨大潜力。于是，其势一发不可收拾，世界各地的企业及个人纷纷涌入 Internet，带来 Internet 发展史上一个新的飞跃。从一个角度看待网络，它将我们人类存储知识、获取知识、使用知识的能力从个体越来越向群体发展，开始了人类智慧的协同发展。

1.3　Web 1.0 只读互联网时代（1994—2004 年）

真正的 Web 1.0 时代开始于 1994 年，其主要特征是大量使用静态的 HTML 网页来发布信息，并开始使用浏览器来获取信息，早期主要是单向的信息传递，用户通过浏览器来访问网站上的信息。随着第一次互联网泡沫（又称科网泡沫或 dot-com 泡沫）的产生，Web 1.0 时代的热度达到最高，泡沫之后的几年发展产生了各种类型的初级网络应用。

注：维基百科上讲 Web 1.0 的时间确认为 1991—2004 年。

下面介绍 Web 1.0 发展中的重要事件。

1. 众多网络软件的产生

在 Web 1.0 时代，将普通大众从没有网络的时代带进了网络时代。这一时代诞生了门户网站与浏览器、聊天软件、BBS、电商购物网站等互联网应用。这个时期主要是使用 PC 上网，人和网络还没有那么紧密，只有坐在电脑前才能使用网络。但这已经给人们带来了全新的感受，已经打开了人类探索网络空间的窗口。

1994 年，Mosaic 浏览器的出现，让互联网开始引起公众注意。随着时代的发展，在网络发展迅速的美国，很多公司将一个可以被普通人访问的公司网站认为是公司对外形象的必需品。所以 Web 1.0 时代的建站软件和服务成为一种比较好的产品与服务，国内的网易早期也涉足建站和个人主页相关的业务。

早期的互联网具有免费发布信息等特性，人们开始适应了网上的双向通信，并开始尝试以互联网为媒介的直接商务（电子商务），所以早期的门户网站都是由一些公司来主导的，内容建设也由这些公司来完成，包括那些大型门户网站。从用户的角度看是一个"只读"的互联网，在这些主流的资讯服务中，个人用户一般也不需要账号系统。

在 Web 1.0 时代的聊天室、邮件服务、即时通信工具等使用场景中，有用户账号的概念，所以说 Web 1.0 时代所说的无账号主要是指信息发布平台中的无普通用户的账号，或者说账号服务在 Web 1.0 的边缘服务中使用，不是主流。

在这些众多软件中，全球性的即时群组通信推动了更多人使用网络，包括 OICQ、MSN、Yahoo Messager、QQ 等，如图 1-8所示。加上互联网初期免费的习惯，在早期这些公司没办法从这些用户和流量中取得利益。在《腾讯传》中我们可以看到当时腾讯缺钱的窘迫，但这些并没有阻挡网络的迅速发展，反而使腾讯获得了大量的个人用户，为后来的融资和发展打下了良好的基础。

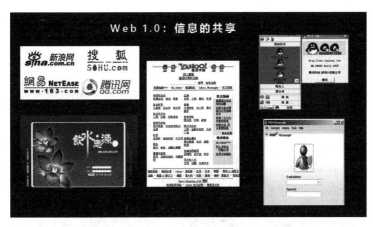

图 1-8　Web 1.0 时代的一些代表性事物

相对于无联网时代，Web 1.0 时代带给当时人们的感受是新奇和刺激的，很多个人、企业、投资机构都被这种以互联网为基础的新商业模式所感染，媒体宣传和风险投资的大量涌入，使后来发生了第一次互联网泡沫，也被当时的人们称为 dot-com 泡沫。

2. 第一次互联网泡沫

第一次互联网泡沫是指 1997 年至 2001 年间，在欧美及亚洲多个国家的股票市场中，与科技及新兴的互联网相关的企业股价高速上升的事件。随着网民数量的增加和网络应用的蓬勃发展，在这个领域的很多公司开始上市，并且这些公司的股价快速攀升，在投资者的投机活动及风险基金的支持下，形成一个繁盛的环境，这让很多新兴企业的市值一度超越传统企业。这段时间的标志是大量以互联网为基础的企业诞生，但狂热过后，是大量互联网企业的倒闭。第一次互联网泡沫的破裂，令世界多个国家在 20 世纪初期出现经济衰退，如图 1-9 所示。

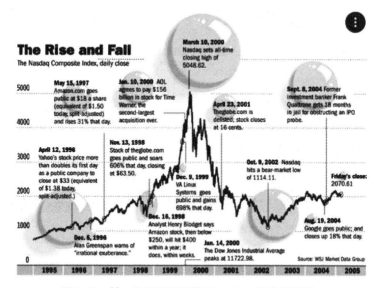

图1-9　第一次互联网时期 Nasdaq 股市曲线图

虽然在 Web 1.0 时代经历了一次严重的泡沫和泡沫的破裂，在 2000 年前后一批网络公司倒闭，但这一时代还是推动了很多著名公司的产生和很多的时代英雄。

在泡沫形成的初期，三个主要科技行业因此而得益，包括互联网网络基建（如 WorldCom、Cisco 网络设备、北电网络）、互联网工具软件（如 Netscape、IE 浏览器），以及一批知名的门户网站（如雅虎、美国在线、中国的新浪、网易、搜狐等公司）。在泡沫后期，度过了这次危机的公司反而获得了更好的发展。例如，网易公司当初在纳斯达克差点被摘牌，一直寻找买家也没人接手，后来通过运营商的彩信服务和后期的网络游戏，反而获得了新的增长动力，找到了公司的新增长曲线。随着时间的推移，这些 Web 1.0 时代的幸存公司和一些有创新能力的新公司开始进入了 Web 2.0 时代。

总结起来，Web 1.0 时代为我们人类打开了一扇新窗口，让我们有机会构建一个数字的网络世界，来协助我们多方面发展，并加强连接，让我们的信息能够更方便地流动。Web 1.0 时代像一个成长中的少年，还没有超强的能力，有一些莽撞和青涩，还会出现一些问题，但 Web 1.0 时代给我们普通人开启了网络时代的大门。这扇大门是人类群体存储知识、获取知识、使用知识的能力之门，是人类智慧协同发展的新大门。

1.4 Web 2.0 读写互联网时代（2004—2025 年）

1999 年 8 月 23 日，埃文·威廉姆斯（Evan Williams）发布

了 Blogger，这是第一个让人们搭建个人博客，并允许用户评论、与博主互动的平台，它被认为是 Web 2.0 时代的开端。2004 年 3 月，Tim O'Reilly 在发表的 *What Is Web 2.0* 一文中概括了 Web 2.0 的概念，并给出了描述 Web 2.0 的框图，如图 1–10 所示。这个时间点已经完全进入 Web 2.0 时代。

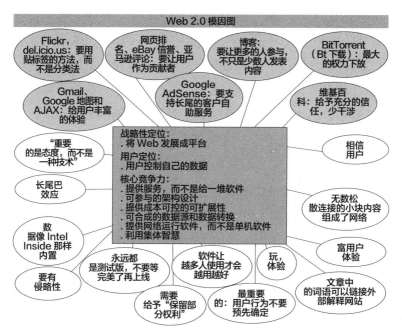

图 1-10 Web 2.0 的框图（摘自 *What Is Web 2.0* 文档）

在 Web 2.0 时代，因为智能手机的兴起，人们从网页时代进入了 App 时代。在 Web 2.0 时代，人们更愿意用 PC 互联网和移动互联网来区分相关差异，因为这两个方式的差异巨大，产生的新公司也更具有影响力。移动互联网对几乎所有的生活服务业进行了数据化改造。

移动互联网与桌面互联网的区别，不仅是上网方式的不同，移动互联网的上网媒介是手机或平板电脑，桌面互联网的上网媒介是台式机和笔记本，二者有本质区别，主要体现在以下两个方面：

（1）移动互联网可实现永远在线。在桌面互联网时代，有个形象的比喻：一旦我们的屁股离开凳子，就意味着网络已断开。

（2）移动互联网包含三个维度，即时间、空间和身份，简要介绍如下：

①时间维度：在互联网 1.0 阶段，不管是以雅虎为代表的门户网站，还是以百度为首的搜索引擎，它们的信息组织方式都是基于用户需求，与时间没有太大关系。而在移动互联网阶段，时间是最重要的信息组织方式。

②空间维度（或地理位置维度）：在桌面互联网时代，地理位置维度通常表现为一段文字表述。但移动互联网可以随用户不断变化物理空间的位置，并且可以被网络感知。

③身份维度：为什么要强调身份？在桌面互联网时代，我们在网上习惯匿名活动，正如一幅漫画所描绘的"在网上没有人知道你是一条狗"，可见，匿名是这一时代的重要特征。而在移动互联网时代，手机会记录用户所有的信息，这使用户的身份信息被清楚地暴露在移动互联网上。这种情况不仅体现在个人信息上，还包括通过数据分析得出的个人习惯和偏好上。随着技术推进，任何物体都会被赋予智能化，这意味着它们都有了一个"身份证"。

从 CNNIC 统计的在 PC 互联网与移动互联网的网民人数和互联网普及率也可以看到移动互联网的到来带来了巨大的影响

力和渗透力，如图 1-11 所示。

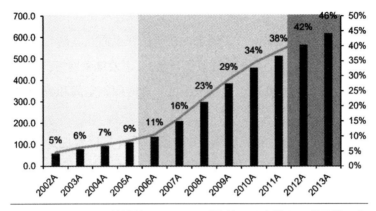

图 1-11　CNNIC 统计的 Web 2.0 时代的网民人数和互联网普及率

Web 2.0 时代也称为可读写互联网时代。在这一阶段，内容产业完成数据化改造，并且很多从读写角度不方便观察的其他能力也得到快速发展。这一阶段发生的重点事件如下：

第一，Web 2.0 中的 PC 互联网时代经历了搜索引擎、社交娱乐、电子商务三大阶段。这一时期通过上网的基础设施建设的完善和网民数量的增加，社交应用、数字娱乐应用（如阅读、音频、视频、游戏）得到充分发展，不仅使人们更多地使用百度等搜索引擎查找资料，而且又出现了博客、微博等允许用户发布内容的产品，娱乐类的应用，包括视频网站、网络游戏等得到充分的发展。同时互联网从纯线上的模式过渡到线上线下相结合的模式，电子商务开始出现，如淘宝、eBay、京东等电子商务得到快速的发展，相关的网络支付也得到了完善。PC 互联网已经完整地按照顺序构建了人与信息的连接、人与人的连接和人与商品的连接。这个阶段使用可读写来描述 Web 2.0 的特点已经不够准确。

第二，Web 2.0 中的移动互联网时代经历了即时通信、社交娱乐、电子商务、细分领域的四大阶段。围绕移动互联网的位置服务、随身携带、身份特征等特点，这些应用表现出强劲的发展动力，产生了一批新的巨型企业。搜索引擎移动端的使用不及 PC 端，即时通信却以更高的渗透率成为入口级应用，部分取代了移动电话的功能。稍后诞生了微信、米聊等应用，在经历了多种 IM 工具竞争后，微信最终成为即时通信工具的代表，成为移动端流量的超级入口。Web 2.0 时代 PC 互联网和移动互联网的代表事物如图 1-12 所示。

图1-12　Web 2.0 时代 PC 互联网和移动互联网的代表事物

社交软件在 Web 2.0 时代得到充分发展，包括熟人社交、半熟人社交、陌生人社交都产生了代表性的企业，如微信、微博、陌陌等。娱乐软件如小程序类游戏、视频网站、抖音等短视频应用均取得了飞速的发展。

电子商务在 Web 2.0 时代同样得到充分发展，淘宝、京东、拼多多、各类生鲜电商几乎可以服务于人们生活的方方面面，并且网络银行、互联网金融等应用也渗透极深。

细分领域的在线教育、共享单车、网络约车、外卖点餐使Web 2.0超出了早期人们的想象，把生活中的点点滴滴都网络化。

根据CNNIC的网络使用情况报告中的标准，Web 2.0时代的常见应用有以下几种：

（1）互联网基础应用：搜索引擎、电子邮件等。

（2）社交工具：即时通信、社交网络、论坛/BBS等。

（3）网络媒体：网络新闻、博客/个人空间、微博等。

（4）数字娱乐：网络文学、网络音乐、网络视频、网络游戏等。

（5）电子商务：网络购物、网上支付、网上银行等。

（6）细分领域：包括旅行预订、团购、互联网理财、地图查询、网上订外卖、在线教育、网约出租车或快车、网络直播、共享单车等。

在Web 2.0时代，网络几乎侵入了人们生活的各个领域。PC互联网的Web和移动互联网的App成为应用的主流，并且移动端的App拥有更多的用户和更长的用户使用时长。（所以从这个变化看，用Web分类已经不够准确，或者我们需要使用Web的广义定义。）

Web 2.0时代从PC到移动端的发展，还使手机成为人们肢体的延伸，使人们可以更快、更好地触达信息，享受服务。

第三，Web 2.0时代的公司更加中心化、平台化，更具有垄断性，用户数据开始被滥用。Web 2.0时代以各个大公司为主导，用户分布在各个平台之上。这些大公司的竞争也更加激烈。发生在 2010 年奇虎 360 与腾讯间的 3Q 大战是一个典型代表，最终导致反不正当竞争法律在互联网行业的应用。

同时移动互联网与 PC 互联网不同：App 主导下更加封闭、即时通信取代搜索引擎成为流量入口、手机天然想要占据用户的更多时间，这三点决定了移动互联网时代，大的巨头公司边界更加模糊，马太效应更强。这些巨头公司的出现，使人们经常称 Web 2.0 时代为"平台经济时代"，这个时代大型公司的中心化和垄断性，使它们为了自身的利益，开始滥用用户的数据。这些巨头利用自身在数据上的技术和规模优势，不仅通过精准广告实现了数据的价值，甚至出现大数据杀熟、贩卖个人数据等各种情况。这些大公司、大平台还通过数据、流量和场景的结合给传统行业带来了巨大的挑战。例如，社区团菜对小商铺的冲击就引起了广泛的社会争议。

每次互联网形态的改变，都会对世界产生很大的影响，在 Web 2.0 时代，从 PC 互联网到移动互联网的发展，让网络变成了个体的连接，使 Web 2.0 产生了一批改变人类生活和信息交互方式的企业。互联网 Web 2.0 的发展促进了经济全球化和电子商务的蓬勃发展，网络比以往任何时代都更深地影响了世界的发展。

与 Web 1.0 时代的青涩少年相比，Web 2.0 时代更像一个强壮的青年，强壮有力的同时也开始显露弊端，那些提供互联网服务的公司慢慢地发展成大的平台型和中心化的垄断型公司。即使某个巨型公司被打败，但效果一般还是"屠龙少年"，新的公司又会逐渐变成一个垄断型公司，"屠龙少年，终成恶龙"。在没有好的方法限制其权利的情况下，这些公司掌握的海量个人数据也带来了不少问题。各个国家颁布的数据安全法，正是 Web 2.0 时代主要问题的体现。于是能够解决 Web 2.0 时代问题的下一代互联网开始孕育和成长，Web 3.0 呼之欲出。

1.5 Web 3.0 自治互联网时代（2025 年一 ）

Web 3.0 的定义和标准在早期充满了争议和分歧，它的定义到底应该什么样？主要特征是什么？随着近几年的发展、Web 2.0 的日趋成熟，以及区块链技术的发展，Web 3.0 的定义和特征已经可以逐渐描述清晰，至少用"读写 + 拥有"这样的描述会让大家理解其主要特征。

1.5.1 Web 3.0 的学术定义和技术定义

为了说明 Web 3.0，我们从其学术定义和技术定义两个方面来分析，其中学术定义有很多争议，技术定义很明确，没有争议。

1. Web 3.0 的学术定义

先看对于 Web 3.0 的普遍被接受的学术定义（维基百科也认同的信息）：2006 年 5 月，Tim Berners-Lee 曾说："人们不停地质问 Web 3.0 到底是什么。我认为当可缩放矢量图形在 Web 2.0 的基础上大面积使用——所有东西都起波纹、被折叠并且看起来没有棱角，以及一整张语义网涵盖着大量的数据时，你就可以访问这难以置信的数据资源。"这里定义的 Web 3.0 是语义互联网，当时并没有包含我们今天认为的数据可以为用户所拥有的特征。之后，Tim 就提出一定要对 Web 进行去中心化，他逐渐把去中心化、个人数据主权和隐私保护增加到 Web 3 的定义中。他推动了一个项目 SOLID（Social Linked Data），SOLID 中的个人数据结构叫作 POD（Personal Online Data），即每个用户的数据归属于用户自己，用户可以带着自己的数据。例如，从 Facebook 到 Twitter，从 Twitter 到微信，数据是属于用户的，那价值也应该属于用户。这个阶段，Web 3.0 的定义更加接近我们当前对 Web 3.0 的描述。

2. Web 3.0 的学术定义之争

Web 3.0 学术定义在 2000 年之后产生，比较有特点的几个观点如下：

（1）演变为数据库的互联网：迈向 Web 3.0 的第一步是"互联网"这一概念的体现，结构化数据集以可重复利用、可远程查询的格式公布于网络上，如 XML、RDF 和微格式。数据网络让数据契合和应用程序互用性更上一个新台阶，使数据像网页一样容易访问和链接。在数据网络时代，重点主要是如何以 RDF 的方式提供结构化的数据。全语义网时期会拓宽语义范围，这样结构化、半结构化甚至零散的数据内容（如传统的网页、文档等）都能以 RDF 和 OWL 语义格式的形式普遍存在。（John Markoff，2006.11）

（2）人工智能的互联网：Web 3.0 也被用来描述一条最终

通向人工智能的网络进化的道路，这里的人工智能最终能以类似人类的方式思辨网络。（John Markoff，2006.11）

（3）语义网和SOLID：见前面的定义。（Tim Berners-Lee，2006.5）

（4）3D互联网：Web 3D联盟拥护的3D化构想，包括将整个网络转化为一系列3D空间，采用第二人生启发的概念。同时也提供新的方式在3D共享空间连接和协同（Andrew Wallenstein，2007.2；Metaversebases 2006.11）。这不像是元宇宙的定义吗？

这些概念都发生在2006年前后，其实还有个更早的Web 3.0定义，是华人王启亨博士2003年提出的。

王启亨博士的描述如下："Web 3.0的定义是我在2003年首次提出的。那时，Web 2.0刚刚出来，当时我是边工作边学习，一方面在华盛顿大学攻读计算机科学博士，同时也在一家半导体设计公司担任商务发展总监，经常会奔波于不同国家。我发现虽然国际互联网在各国是互通的，但是各国各民族语言是不相通的，很多事情非常不方便，在Web 2.0概念出来之前，我正在构思要把机器翻译（AI）和Web结合起来，做One World One Web的概念，当时就把它定义为Web 3.0。"这个定义是从一种具体的需求角度提出互联网发展的愿景描述，和我们今天的数据可以拥有的Web 3.0还是不同，但对第三代互联网都有了定义的需求。

在与王启亨博士沟通求证的过程中，笔者找到了2006年7月他在百度知道上对Web 3.0的进一步详细说明，如图1-13所示。

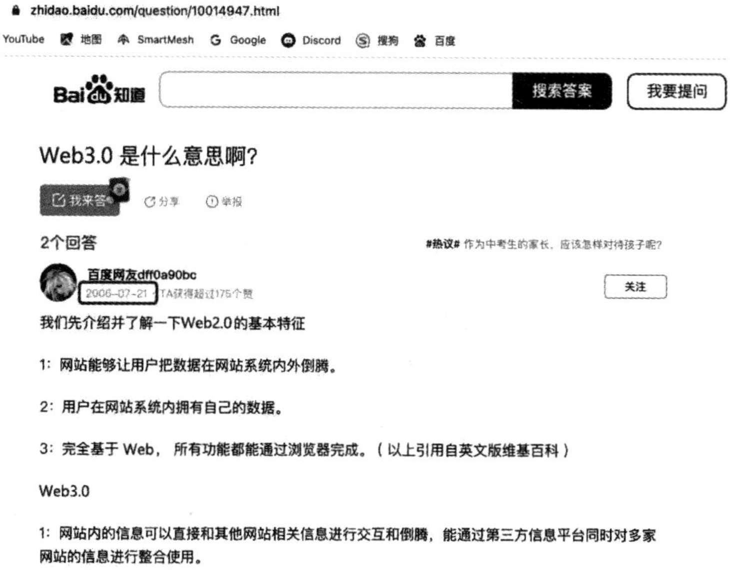
zhidao.baidu.com/question/10014947.html

YouTube 地图 SmartMesh Google Discord 搜狗 百度

Bai du 知道 搜索答案 我要提问

Web3.0 是什么意思啊?

我来答 分享 举报

2个回答

#热议# 作为中考生的家长，应该怎样对待孩子呢?

百度网友dff0a90bc

2006-07-21 TA获得超过175个赞

关注

我们先介绍并了解一下Web2.0的基本特征

1：网站能够让用户把数据在网站系统内外倒腾。

2：用户在网站系统内拥有自己的数据。

3：完全基于 Web，所有功能都能通过浏览器完成。（以上引用自英文版维基百科）

Web3.0

1：网站内的信息可以直接和其他网站相关信息进行交互和倒腾，能通过第三方信息平台同时对多家网站的信息进行整合使用。

图 1-13　王启亨博士在 2006 年对 Web 3.0 的详细说明

王启亨博士对于 Web 3.0 的定义结合了人工智能与 One World One Web 的概念。从时间上，这是对 Web 3.0 的最早定义。

3. Web 3.0 的技术定义

Web 3.0 的技术定义完全没有分歧，普遍接受的定义是：最早是以太坊联合创始人、Polkadot 创建者 Gavin Wood 在 2014 年提出的，其官方网站为 https://Web 3.foundation/，但 Web 3.0 这个概念是一个技术概念，我们理解的 Web 3.0 是超越技术的更广泛的概念。典型的代表是构建在区块链上面的一些去中心化应用，当前表现为区块链领域内的一些游戏和金融应用。当前的这些 Web 3.0 应用可以理解为区块链上的资产 + 智能合约，以及各类表现非同质化的资产和相关的应用都是 Web 3.0 的代表物，但这些并不完整，因为区块链底层技术还不够成熟，使区块链的影响还在一个小范围内，Web 3.0 时代才刚刚开始，还没有形成 Web 1.0 和 Web 2.0 时代那样的典型代表，这也是多个领域的人员称当前为 Web 2.5 的原因。

1.5.2　Web 3.0 的基础设施——区块链技术

2008 年年底，区块链技术诞生（比特币），是 Web 3.0 种子的产生，其去中心化的技术出现，使 Web 3.0 的产生有了技术支撑。以比特币为代表的区块链 1.0 功能比较有限，并且因为没有图灵完备的虚拟机运行环境，支持的区块链功能也非常有限。

2014 年区块链 2.0 的产生（以太坊）标志着 Web 3.0 萌芽开始，因为以太坊可以运行图灵完备的虚拟机，为各种智能合约的产生奠定了坚实的基础。随着以太坊上面应用的发展，2015 年 11 月，以太坊 ERC20 协议的产生，为区块链领域的 ICO（首次代币发行）提供了简便实用的工具，也推动了区块链的一次大爆发。虽然当时产生了很多的失败项目，但为区块链基础设施完善、区块链工具（钱包及区块链浏览器）的普及，产生了很大的推动作用。

2017 年 ERC721 协议的产生，使 Web 3.0 中的基本元素逐渐扩大和完善，于是区块链的世界有了 NFT，加上早期的 FT，以及 2018 年产生的 ERC1155 协议中的 SFT，Web 3.0 中的基本元素已经齐备。加上各种功能的智能合约的丰富，2020 年之后，Web 3.0 的应用也逐渐丰富起来。

2014 年开始的这个阶段很多人还不认为是 Web 3.0 阶段，更多地被称作 Web 2.5（后面章节会有详细讲解），一些人认为真正的 Web 3.0 应该会在 2030 年前后开始，笔者也认同这个观点。

1.5.3 价值互联网

从另一个分类维度看，Web 1.0 和 Web 2.0 阶段都属于信息互联网阶段，从 Web 3.0 开始，我们就进入了价值互联网阶段。从承载的主体维度分类看，Web 3.0 也属于万物互联网的一个主要部分。

人工智能与实体经济深度融合、5G 的发展、区块链的发展，使物联网与价值互联网有了很好的发展基础。信息互联网是指以记录、传递信息为主的互联网，如发布的一段文字、上传的一张图片、更新的一段视频等，这些都是信息。这些信息具有可复制性，且复制的成本极低。信息互联网时代，极大地降低了信息的传播成本，加速了信息的流动速度。在信息互联网时代，我们可以方便地发布、阅读各种资讯信息。

随着技术的发展，在全球基础设施的全幅图景中，有超过6 400 万千米的高速公路、200 万千米的油气管道、120 万千米的铁路、75 万千米的海底电缆和 41.5 万千米 220kV 以上的高压线。这样由物质传输网、能源网、传统互联网、支付网、物联网多个网络融合的终极状态，承载着物质、能量、信息、资金、功能的网络，即为价值互联网，如图 1-14 所示。

价值互联网的核心特征是实现信息与价值的互联互通，它将有效承载农业经济和工业经济之后的数字经济。而数字经济的重要驱动力，也将从数字化、网络化逐渐行至价值化。区块链技术是实现价值传输的重要基础设施。

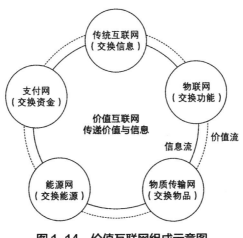

图1-14 价值互联网组成示意图

1.5.4 Web 3.0 发展中的重点事件

Web 3.0 阶段，也称为"可读写 + 拥有"的互联网阶段，简称为自治互联网。在这一阶段，发生了一个根本性的变化，就是用户可以拥有和控制自己的数据。下面介绍这一阶段发生的重点事件。

1. 区块链基础设施的完善

比特币的产生是区块链诞生的标志，以太坊的诞生是进入区块链 2.0 的标志，其主要特征是"数字资产 + 智能合约"。从区块链 2.0 开始，就具备产生真正 Web 3.0 应用的实现基础。尤其是对区块链性能和功能的扩展，使区块链技术超越了单纯的数字货币应用。在这一时期，众多的公有链是典型的代表。

2. 区块链上金融应用的流行

在区块链上有两次重要的金融应用流行：第一次是 ICO 的流行，使人们可以基于区块链系统发行代币，并完成资金筹集工作。第二次是 DeFi 的流行，如 Uniswap 等应用的流行，使区块链上的金融应用更接近现实世界。

3. GamFi 和 SocialFi 的流行

像加密猫、StepN、Decentraland 等应用的产生和流行，代表了 Web 3.0 的游戏、娱乐、社交应用的初级探索。像 NFT、OpenSea 等虚拟商品市场的出现与繁荣，让人们看到 Web 3.0 的多个领域都在成长中。

4. DAO 的萌芽

DAO 的萌芽是经济之外的组织建设尝试，是 Code is law 的体现。

在完成了 Web 3.0 的基础设施建设、经济应用、生活娱乐应用、组织建设应用的探索后，Web 3.0 时代就拉开了序幕，Web 3.0 时代各个领域的初级应用都逐渐发展起来。本书的其他章节会详细讲解 Web 3.0 的多个部分与特征。

1.6　Web 1.0、Web 2.0、Web 3.0 的对比

为了全面地理解 Web 1.0、Web 2.0、Web 3.0，我们使用一些对比维度来观察这三个不同的概念，会更容易理解它们的特征，如图 1-15 所示。我们从是否中心化和经济模型两个维度来对比。这两个大的维度代表了 Web 3.0 时代的技术特征和经济特征，让人们更容易理解为什么 Web 1.0 是只读互联网，Web 2.0 是读写互联网，Web 3.0 是自治互联网，如表 1-1 所示。

(a) Web 1.0只读　　　　　(b) Web 2.0读写　　　　　(c) Web 3.0自治

图 1-15　Web 1.0、Web 2.0、Web 3.0 的对比

表 1-1　Web 1.0、Web 2.0、Web 3.0 的主要属性对比

考察维度（一级）	考察维度（二级）	Web 1.0	Web 2.0	Web 3.0
中心化	信息（数据）的发布	中心化	中心化 + 去中心化	去中心化为主
	信息（数据）的管理	中心化	中心化	去中心化为主
	账号	无 / 多中心	中心化	去中心化为主
	软件（应用层）	无中心（单机版）	中心化（CS 或 BS 结构）	去中心化为主
	云平台（软件 + 硬件）	无中心	中心化	去中心化（未来）
	网络层	去中心化设计（实现比较中心化）	去中心化设计（实现不完全去中心化）	去中心化（未来）
经济模型	经济模式	信息经济	平台经济	通证经济
	激励方式	无激励	无通证激励，有平台奖励	有通证激励

1. 是否中心化维度

网络上对于 Web 1.0、Web 2.0、Web 3.0 的描述是 Web 1.0 为"半中心化"，Web 2.0 为"中心化"，Web 3.0 则为"去中心化"。这种描述有些模糊和不够准确，在此通过表 1-1 清晰地描述说明如下：

（1）Web 1.0 时代，主要是机构发布的中心化数据和中心化行为管理。在用户看来就是只读：中心化发布 + 中心化管理。

（2）Web 2.0 时代，主要是机构发布的中心化数据和中心化的行为管理（只读）；个人发布的去中心化数据和中心化的行为管理（可写）。在用户看来就是读写：中心化发布 + 中心化管理；去中心化发布 + 中心化管理。

（3）Web 3.0 时代，主要是机构发布的中心化数据和中心化的行为管理（只读）；个人发布的去中心化数据和中心化的行为管理（可写）；个人或机构发布的去中心化数据和去中心化的行为管理（拥有或自治）。在用户看来就是读 + 写 + 拥有（或自治）：中心化发布 + 中心化管理；去中心化发布 + 中心化管理；去中心化发布 + 去中心化管理。

2. 经济模型维度

Web 1.0、Web 2.0、Web 3.0 还可以用一个特征描述，即是否集成通证（Token）激励，这个特征描述有点像对信息互联网和价值互联网的区分维度。

（1）Web 1.0 时代，属于信息经济，主要是平台方发布信息，也是平台方获得广告等收益，对用户无激励。

（2）Web 2.0 时代，属于平台经济，主要是中心化机构建立应用平台，多方参与平台的建设，平台方获得广告和其他付费收益，这样平台就有动力激励用户来参与平台的建设，是部分中心化的激励。不仅有激励，还有平台的补贴，但是平台方一旦占据了绝对优势，就会放弃补贴，降低激励价值。

（3）Web 2.5 时代，属于平台经济 + 通证经济，中心化应用 + 通证（Token）激励。

（4）Web 3.0时代，属于通证经济，更多的去中心化应用产生，这些去中心化应用依靠其经济模型来维护发展，其中通证（Token）激励是非常重要的一个手段。此外，再结合智能合约、DAO等功能与制度，完成了依靠经济理论和上层建筑一起推动发展的应用生态。

根据网络中的参考资料，一些机构还对比了三者之间的其他属性，本书中将这些列为扩展属性，便于读者全面地理解三者的区别。扩展属性表中将主表的经济模式也重复放入一遍，便于从商业角度理解扩展属性，如表1-2所示。

表1-2　Web 1.0、Web 2.0、Web 3.0 扩展属性对比

考察维度（一级）	考察维度（二级）	Web 1.0	Web 2.0	Web 3.0
商业属性与管理	经济模式	信息经济	平台经济	通证经济
	盈利模式	无或不清晰	流量变现、服务变现	通证经济
	组织形式	公司制	公司制	社区、DAO
	所有权	股东	股东	通证持有者
	决策权	董事会	董事会	通证持有者
	核心使命	寻找盈利模式，toVC	为股东盈利	生态参与者利益最大化
用户与数据	用户角色	内容消费者	内容消费者 + 内容生产者	内容拥有者
	用户数据	无 / 多中心	平台方	用户
	跨平台访问数据	不可以	不可以	可以

对于在Web 1.0、Web 2.0、Web 3.0中用户的登录与注册还有一个形象的说明，如图1-16所示。

图 1-16　在 Web 1.0、Web 2.0、Web 3.0 中用户的登录与注册

图 1-16 很好地说明了三个时期，体现在用户登录方面的差异，背后隐藏的是原理的完全不同，从多中心模式发展到平台模式，再到去中心化模式。

1.7　当下处于 Web 2.5 时代

可从几个主要领域来看当前 Web 3.0 的发展阶段定义，如图 1-17 所示。

图 1-17　Web 3.0 的发展阶段

2021 年，SpaceX 和特斯拉 CEO 马斯克屡次对 Web 3 表达了嘲讽，他在 Twitter 上发问："有人看到 Web 3 了吗？"马斯克说看不到 Web 3 是因为现在自称为 Web 3 的项目实际上都只是 Web 2.5。

《元宇宙 + 元宇宙通证》中描述了元宇宙的三个阶段和这三个阶段的时间预测，其中数字孪生（21 世纪 20—30 年代）

都属于 Web 2.5 时代，本书中将 2014 年区块链 2.0 的产生认定为 Web 2.5 的开始。

在本书的其他章节中，我们会看到 Web 3.0 的底层支撑区块链技术还有很多的不完善和不成熟，仅从性能、区块链与链外世界交互技术两个关键点，就可以看到区块链距离完全支撑 Web 3.0 的差距，还撑不起 Web 3.0 的宏大远景。从在第 3 章中介绍的 Web 3.0 技术栈详细结构，也可以看到支撑具体的内容还不够成熟，与目前成熟的 Web 2.0 应用对比，当前的 Web 3.0 应用还没有完全使用规划中的技术栈结构。Web 3.0 的技术栈发展还不够完善和成熟，还需要时间发展与打磨。Web 3.0 的生态也还没有完全建立。

Web 2.5 的一个典型特征是中心化的应用 + 通证（Token）激励机制。

1.8 Web 3.0 是下一代互联网

在回答 "Web 3.0 是什么" 这个问题之前，先理解一个知识点：什么是分类？分类的作用是什么？对一个事物进行分类应该注意哪些事项？

分类是指分类别，分类别可以条理清楚地说明事物。分类别是将复杂的事物说清楚的重要方法。有些事物的特征、本质需要分成几点或几个方面来说，也属于分类别。分类别可以根据形状、性质、成分、功能等属性的异同，把事物分成若干类，然后依照类别逐一说明。运用分类别方法要注意分类的标准。

一次分类只能用同一个标准，以免产生重叠交叉的现象。

　　分类还有一个适度的问题，如果分类太多或太少都不利于区分事物。如果分类太多，则需要建立分类的分级，如一级分类，二级分类。如果分类太少，则需要对关键区分属性进行进一步的拆分。参考美国心理学家约翰·米勒曾对短时记忆的广度进行了比较精确的测定：测定正常成年人一次记忆的广度为 7 ± 2 项内容。所以单一分类通常在 5 和 9 之间更适合记忆和交流。

1. 五代互联网的定义探索

　　在 1.1 节中，我们的分类标准是用户可以参与程度、传递的媒介、承载的主体、存在的形式等几个维度，无论使用哪个分类维度来划分，都可以看到 Web 3.0 是下一代互联网的开始。如果从用户可以参与程度来划分就是 Web 3.0；如果从传递的媒介来划分就是价值互联网，Web 3.0 是价值互联网的开始，也是价值互联网的一个主要组成部分；如果从承载的主体来划分就是万物互联网，同样 Web 3.0 也是万物互联网的一部分；如果从存在的形式来划分，Web 3.0 是元宇宙的一个重要组成部分，会构建元宇宙中重要的经济系统。

　　这样使用几个分类维度容易使我们在沟通信息中产生障碍，如果能有一种更好的表达方式，会更容易说明互联网这个事物。先看当前的几个分类特点：Web 的分类方式有些狭窄，在万物互联的阶段也许这个定义开始不那么适用。传递的媒介分为信息互联网和价值互联网，比较宽泛，不方便进一步区分特征。承载的主体分为 PC 互联网、移动互联网、万物互联网，有较好的区分度。存在的形式分为现实世界、虚拟世界、元宇宙，与传递媒介的分类方式类似，比较宽泛，并且当前处于元宇宙的早期，概念还没有完全形成，也不适合。

从计算机的产生，到 1969 年网络的开始，这个领域已经发展了 50 多年，对于描述的 Web 3.0 和元宇宙还会延展到今后数十年，对于这样时间跨度的事物，用一个更容易理解的分类表达会更合适。吴军老师的《智能时代》将网络描述为第一代互联网、第二代互联网，即将开始的时代称为第三代互联网。姚前的一篇代表性文章《Web 3.0 渐行渐近的新一代互联网》也使用新一代互联网的分类方式。如果使用这种分类，再加上常用的几个分类维度的特征是不是会更合适？每一代网络使用最具有特征的属性来描述。

使用互联网的分类方式，五代互联网的示意图如图 1-18 所示。

图 1-18　五代互联网的示意图

（1）第一代互联网

上网方式：通过计算机（包括工作站、PC、笔记本等设备）使用网络。上网设备从固定位置开始逐渐变得可以移动。

上网的用途：人们通过网络浏览信息和交流信息（信息互

联网阶段）。

人的参与程度：只有坐在计算机旁，人们才可以触达网络。

时间：1969—2010 年。

（2）第二代互联网

上网方式：人们主要通过手机使用网络。上网设备从部分移动到完全可移动。

上网的用途：不仅浏览信息、交流信息，更多的是享受服务（部分传递价值）。

人的参与程度：几乎可以达到 24 小时联网。

时间：2010—2030 年。

（3）第三代互联网

上网方式：人们开始通过身边的一切智能设备使用网络。

上网的用途：不仅浏览信息、交流信息、享受服务，还包括使用功能（传递价值）。

人的参与程度：人们不仅可以达到 24 小时联网，此时脑机接口也开始将网络向人体内扩展，人的内部世界和外部世界之间有了更快更宽的信息传输通道（当前的语言、文字等传递信息的方式都太慢）。

时间：2030—2050 年。

此时人类的文明应该达到行星文明的高级阶段，开始探索恒星文明。在这一代互联网之前，人类学习知识的时间都过长，而且人类的寿命太短，这两点都阻碍人类文明向高级阶段发展。

下一代网络时期，人类身体构造的变化（也许会从碳基生命向硅基生命转变）会促进学习能力的加强和寿命的延长，这些都为文明的进化做好了准备。

（4）第四代互联网

上网方式：人们通过身体就可以使用网络，人的身体是网络的一个组成部分。

上网的用途：上网变成了扩展人类能力的一种方式。

人的参与程度：人类完全融入网络中，身体也变成网络的一部分，并且人类的物理身体开始被部分替换，使人类的综合能力更强大。

时间：2050 年 —　　。

此时人类的文明应该可以超越行星文明，向恒星文明发展。人类凭借身体结构的改造，提高了学习效率和处理能力。当前一个博士生基本要学习 20 多年，效率非常低，第四代互联网的时代，人类身体被部分替换＋融入网络，会使人可以快速复制记忆力知识，并且思考和分析类知识也可以借助网络来处理，那个时代的云计算、边缘计算、端计算会更加发达，并连接人体，变成人类的扩展数字器官。

（5）第五代互联网（真正的元宇宙阶段）

上网方式：……

上网的用途：……

人的参与程度：虚实共生。人类的物理身体和数字身体共存，人类的能力会像神话小说中的神和仙，我们当前的人类已经不能完全理解这个时代的文明。

时间：……

此时人类的文明应该可以处于恒星文明高级阶段，并向星系文明发展。之后的网络会怎么发展，是处于行星文明的人类已经不能理解的世界。

上述这种分类方式已经在一些书籍和文章中表述，如一些人定义的 Web 4.0 和 Web 5.0 的概念，就是对互联网后面发展的定义。Web 4.0 有代表性的定义是《元宇宙 + 元宇宙通证》中介绍的概念：信息特征为虚实共生；体验形态为脑机接口与 AI 及系统互联；生产关系为虚实相交，绝大多数工作都将由 AI 完成，物理世界与虚拟世界深度融合。Web 5.0 有代表性的定义是：人机融合，已经不区分物理与虚拟，相关事物已经升级为下一个文明中的物种。如果将 Web 与互联网视为一个相同的概念，就能够理解一些高瞻远瞩人士对于互联网发展的分类和描述。

2. 第三代互联网的相关描述

上文讨论了适用于更广泛范围的分类方法。下面来了解大家对下一代互联网（第三代互联网）的特征描述。

在学术界，姚前（中国证监会科技监管局局长）的文章《Web 3.0 渐行渐近的新一代互联网》中的观点具有理论指导作用。

文章中指出 Web 1.0 和 Web 2.0 存在的问题：一是用户数字身份缺乏自主权；二是用户个人数据缺乏自主权；三是用户在算法面前缺乏自主权。

同时指出 Web 3.0 的优势：以用户为中心、强调用户拥有自主权。表现在几个方面：一是用户自主管理身份（Self-Sovereign Identity，SSI）；二是赋予用户真正的数据自主权；三是提升用户在算法面前的自主权；四是建立全新的信任与协作关系。

Web 3.0 的优势正好可以解决 Web 1.0 和 Web 2.0 中存在的问题。

文章中提出三个分析，说明了 Web 3.0 的作用：Web 3.0 是安全可信的价值互联网；Web 3.0 是用户与建设者共建共享的新型经济系统；Web 3.0 是立体的智能全息互联网。

文章中对于发展 Web 3.0 也提出了相关的创新发展战略：一是建设高质量的分布式基础设施；二是推动治理良好的技术创新；三是建立通用标准，增进互操作性；四是建立清晰、公平的税收规则；五是建立针对 DAO 的法律框架。

可以说这篇文章的内容很好地总结了学术界对于下一代互联网的优势、作用和发展的思路。

3. 资本对第三代互联网的投资情况

除了上面理论层面的分析，更好的衡量指标是资本的投资数据，这种用脚投票的结果更能说明 Web 3.0 的热度与未来增长潜力。

这里参考 BlockData 的报告《*BlockChain Adoption by the Worlds Top 100 Public Companies*》中的相关内容与数据。在这份报告中，利用 CB Insights 的融资数据，研究了这些顶级公司在 2021 年 9 月至 2022 年 6 月中旬进行的区块链投资，如图 1–19 所示。

在这段时间内，有 40 家企业投资了区块链 / 加密货币领域的公司。其中，三星（SAMSUNG）是最活跃的，投资了 13 家公司。大华银行（UOB）排在第二位，有 7 项投资。第三位是花旗集团（Citigroup），有 6 项投资。高盛集团（Goldman Sachs）有 5 项。这 40 家公司在 2021 年 9 月至 2022 年 6 月期间向区块链初创企业投资约 60 亿美元。

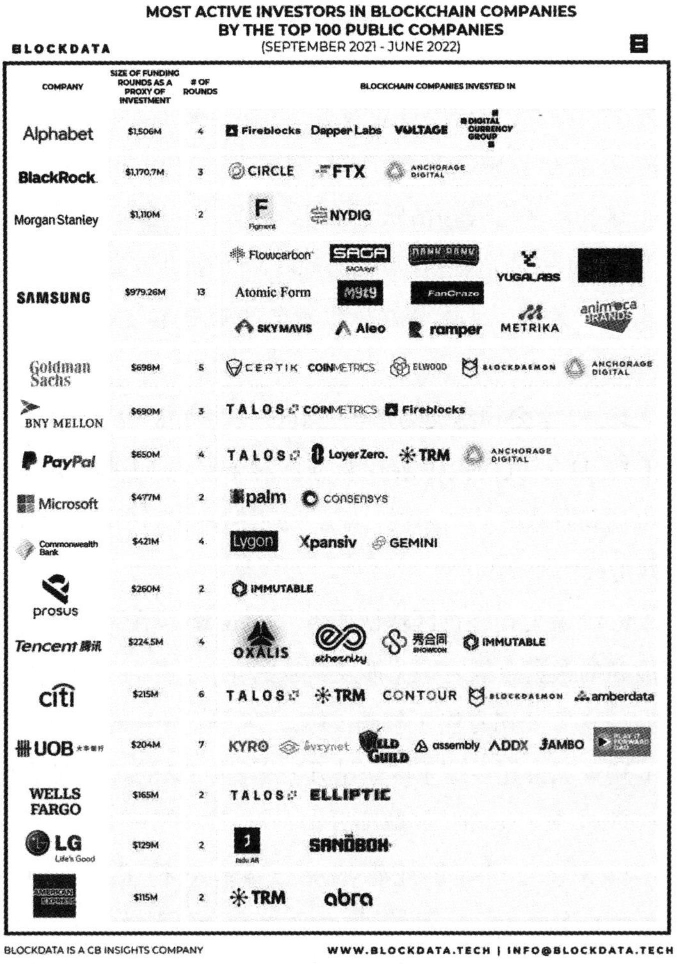

MOST ACTIVE INVESTORS IN BLOCKCHAIN COMPANIES BY THE TOP 100 PUBLIC COMPANIES

(SEPTEMBER 2021 - JUNE 2022)

BLOCKDATA

COMPANY	SIZE OF FUNDING ROUNDS AS A PROXY OF INVESTMENT	# OF ROUNDS	BLOCKCHAIN COMPANIES INVESTED IN
Alphabet	$1,506M	4	Fireblocks, Dapper Labs, VOLTAGE, DIGITAL CURRENCY GROUP
BlackRock	$1,170.7M	3	CIRCLE, FTX, ANCHORAGE DIGITAL
Morgan Stanley	$1,110M	2	Figment, NYDIG
SAMSUNG	$979.26M	13	Flowcarbon, SAGA (SAGA.xyz), YUGALABS, Atomic Form, Myty, FanCraze, SKYMAVIS, Aleo, ramper, METRIKA, animoca BRANDS
Goldman Sachs	$698M	5	CERTIK, COINMETRICS, ELWOOD, BLOCKDAEMON, ANCHORAGE DIGITAL
BNY MELLON	$690M	3	TALOS, COINMETRICS, Fireblocks
PayPal	$650M	4	TALOS, LayerZero., TRM, ANCHORAGE DIGITAL
Microsoft	$477M	2	palm, CONSENSYS
Commonwealth Bank	$421M	4	Lygon, Xpansiv, GEMINI
prosus	$260M	2	IMMUTABLE
Tencent 腾讯	$224.5M	4	OXALIS, eternity, 秀合同 SHOWCON, IMMUTABLE
citi	$215M	6	TALOS, TRM, CONTOUR, BLOCKDAEMON, amberdata
UOB 大华银行	$204M	7	KYRO, avrynet, WILD GUILD, assembly, ADDX, JAMBO, PLAY IT FORWARD DAO
WELLS FARGO	$165M	2	TALOS, ELLIPTIC
LG Life's Good	$129M	2	Jadu AR, SANDBOX
AMERICAN EXPRESS	$115M	2	TRM, abra

BLOCKDATA IS A CB INSIGHTS COMPANY　　WWW.BLOCKDATA.TECH | INFO@BLOCKDATA.TECH

图 1-19　报告中最活跃投资者的投资相关信息

积极参与最大融资轮的投资者是 Alphabet（4 轮投资了 15.06 亿美元）、BlackRock（3 轮投资了 11.71 亿美元）、摩根士丹利（Morgan Stanley，2 轮投资了 11 亿美元）、三星（SAMSUNG，

13 轮投资了 9.79 亿美元）、高盛集团（Goldman Sachs，5 轮投资了 6.98 亿美元）、纽约梅隆银行（BNY MELLON，3 轮投资了 6.9 亿美元），以及 PayPal（4 轮投资了 6.5 亿美元）。

在 71 轮投资中，共有 61 家区块链 / 加密货币公司获得了投资。这些区块链公司活跃于 20 多个细分赛道和 65 个案例：

（1）19 家公司提供某种形式的 NFT 解决方案和服务。其中许多属于游戏、艺术和娱乐以及分布式账本技术（DLT）等细分赛道。

（2）12 家公司是交易市场，其中一些支持 NFT 的买卖。

（3）11 家机构提供游戏服务。对于提供 NFT 解决方案、交易市场和游戏的公司来说，它们的用例有相当多的重叠。

其他突出案例：

（1）7 家公司提供区块链服务。ConsenSys 在统计时间内获得了最高的融资金额之一（涉及微软的 4.5 亿美元交易）。

（2）5 家公司专注于基础设施。

（3）4 家公司专注于区块链开发平台、DApps、智能合约、资产管理 /Token 化和扩展解决方案。

（4）3 家公司提供托管解决方案并获得了高价值的融资：Fireblocks（Alphabet 参与的 5.5 亿美元融资）、Circle（BlackRock 参与的 5.5 亿美元融资）和 Anchorage Digital（PayPal 和 BlackRock 参与的 3.5 亿美元融资）。

在新冠疫情延续了三年时间，全球经济整体低迷的情况下，Web 3.0 领域的投资还保持这样的火热程度，也说明了下一代的互联网还是有很大的吸引力。

第
2
章

Web 3.0 与区块链

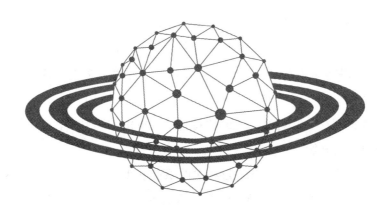

区块链技术是 Web 3.0 的基础设施，在理解 Web 3.0 的其他知识之前，需要理解区块链的相关知识。对于区块链技术，有一个重要的总结：共识算法是区块链的灵魂；加密算法是区块链的骨骼；经济模型是区块链的核能。

2.1　区块链的前世与今生

2008 年 11 月，中本聪发布了创世白皮书《比特币：一种点对点的电子现金系统》，提出了比特币的概念。2009 年 1 月 3 日，中本聪在位于芬兰赫尔辛基的一个小型服务器上挖出了比特币的第一个区块——创世区块（Genesis Block），并获得了首批"挖矿"奖励——50 比特币。比特币的诞生代表着区块链时代的开始。

1. 与区块链产生和发展相关的重点事件

区块链的发展，在 1976 年前后就奠定了相关的理论基础。其中《密码学的新方向》奠定当前区块链技术所涉及的主要密码学知识。在信息技术领域，1982 年发表的《拜占庭将军问题》是共识协议的基础理论，在此之前的 1975 年的两将军问题是其早期问题。经济学家哈耶克在 1976 年出版的《货币的非国家化》是区块链中数字通证的经济学理论基础。

之后几十年，相关的科学家和研究者通过不断的研究和探索，推动了区块链各项技术的发展。直到 2008 年，比特币的诞生标志着区块链技术的诞生。典型事件如图 2-1~ 图 2-3 所示。

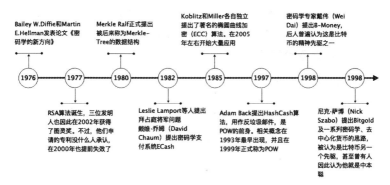

图 2-1　1976—1998 年重要的密码学事件

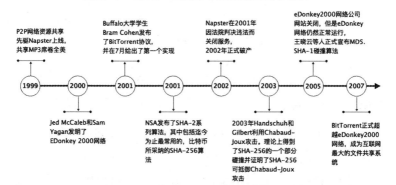

图 2-2　1999—2007 年区块链产生的技术积累

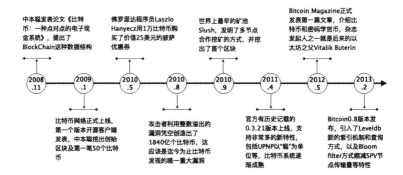

图 2-3　2008—2013 年比特币的几个重点事件

2. 区块链的类型

区块链有三种常见的类型，如图 2-4 所示。

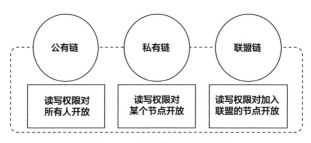

图 2-4　区块链的三种类型

（1）公有链（Public Blockchain）：公有的区块链，读写权限对所有人开放。

（2）私有链（Private Blockchain）：私有的区块链，读写权限对某个节点开放。

（3）联盟链（Consortium Blockchain）：联盟区块链，读写权限对加入联盟的节点开放。

它们的区别在读写权限以及去中心化的程度。一般情况下，去中心化的程度越高，可信度越高，而交易速度越慢。

（1）公有链。代表：比特币（BTC）、以太坊（ETH）。

公有链的优点如下：

①所有交易数据公开、透明；

②无法篡改。

公有链的缺点如下：

①低吞吐量（TPS）；

②交易速度缓慢。

（2）私有链。代表：阿里巴巴的蚂蚁链。

私有链的读写权限由某个组织或机构管理，该组织或机构根据自身需求决定区块链的公开程度。私有链适用于数据管理、审计等金融场景。

私有链的优点如下：

①更快的交易速度、更低的交易成本；

②不容易被恶意攻击；

③更好地保护组织自身的隐私，交易数据不会对全网公开。

私有链的缺点如下：

①过于中心化；

②数据完全由某个机构控制。

（3）联盟链。代表：超级账本（Hyperledger）、企业以太坊（EEA）。

优缺点介于私有链和公有链之间。

对于可信度、安全性有很高要求，但对交易速度不苛求的落地应用场景和需要经济模型激励的场景，公有链更有发展潜力。对于经济模型靠外部力量约束的场景和更加注重隐私保护、交易速度和内部监管等的落地应用场景，使用私有链或联盟链则更加有发展潜力。

区块链在去中心化、安全性和可扩展性三个方面，只选其二，这就是区块链的"不可能三角"悖论，如图 2-5 所示。我们使用 DSS 猜想来分析会更清楚一些。DSS 猜想即去中心化（Decentralization）、安全性（Security）和可扩展性（Scalability）。对于 DSS 猜想的三个属性，区块链系统最多只能三选二。因此，无论公有链、私有链，还是联盟链，都会存在各种各样的不足，或者说它们没有绝对的优劣，应该根据具体的落地应用场景去看待不同的区块链类型。

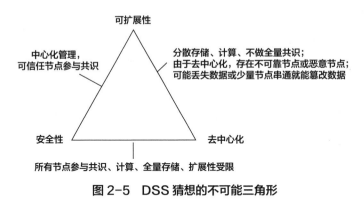

图 2-5 DSS 猜想的不可能三角形

3. 区块链 1.0 与区块链 2.0

区块链技术作为一种以去中心化为主要特征的技术，正在逐渐改变很多的应用场景，产生很多创新。按照其技术发展特征，可以分为区块链 1.0、区块链 2.0、区块链 3.0，分别代表着区块链的三个发展阶段，如图 2-6 所示。

图 2-6　区块链的三个发展阶段

（1）区块链 1.0 是数字货币、去中心化。

（2）区块链 2.0 是发展到了智能合约、数字资产、金融应用。

（3）区块链 3.0 是发展到了去中心化互信网络、去中心化互信机制。

区块链 1.0 是以比特币为代表的虚拟货币的时代。区块链 1.0 代表了虚拟货币的应用，包括其支付、流通等虚拟货币的职能。主要具备的是去中心化的数字货币交易支付功能，目标是实现货币的去中心化与支付手段。

区块链 2.0 的代表是以太坊，它提供了各种模块让用户搭建应用。以太坊提供了一个强大的合约编程环境，通过智能合约的开发，实现了各种商业与非商业环境下的复杂逻辑。区块链 2.0 可以认为是区块链 1.0+智能合约。当前我们正处于区块链 2.0 阶段。

2.2　区块链的技术原理

对于区块链技术我们从宏观和微观两个角度来观察，就容易完整地理解这个新事物。

1. 宏观角度

从宏观角度，区块链系统是一个超级计算机系统，如图2-7所示。

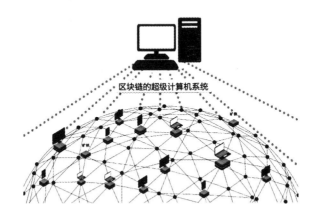

图2-7　区块链系统是一个超级计算机系统

可以把区块链系统想象成一个运行在众多电子设备上的超级计算机系统。

（1）这个超级计算机系统由很多计算节点组成。

（2）账本上面的信息产生和权限修改由每个节点通过某种共识机制完成。早期是依靠计算数学难题进行的。最先解决这个数学难题的节点，不仅会得到奖励，而且会拥有一次新增账本页的记账权利。

2. 微观角度

从微观角度，区块链是只能增加和查询，不能修改和删除的一组顺序区块链接在一起的数据库。

区块链的区块+链的结构如图2-8所示。

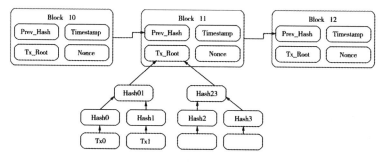

图 2-8　区块链的区块 + 链的结构

这个数据库有以下特点：

（1）只能新增，不能修改和删除以前的账本页。

（2）一个账本页只能记录有限的信息。记账时，以要记录每条账目费用数目（手续费）的顺序排序，选出一个页的信息，把所有等待记录的信息记录到账本信息中，并且标注记录时间，然后广播给各个记录账本的节点。

（3）这种计算节点分布在世界各地，并且有很多（去中心化的特点）。

（4）所有其他设备上面记录的账本信息只是真实账本的备份，并且这种信息记录格式上有着各种限制，由一页一页的账目组成，这些账目页之间还按顺序连接起来。单纯修改一个账本信息是不能通过的，必须把所有账本信息都修改掉才行，但这一点是非常难做到的（不可篡改的特点）。

这是区块链的基础原理，目前区块链技术的发展已经比较成熟，具有更复杂的结构和相关的逻辑，能够运行在虚拟机上的智能合约也使其具有更强大的功能。

2.3 区块链的显著特性

区块链系统具有几个明显的特性：信息不可篡改性、去中心化、匿名性、开放性和自治性。区块链上面的应用都是基于它的这些特性来实现的，这些基础特性也使在其上构建的 Web 3.0 应用拥有其独特的性质。下面逐一介绍这些特性的含义。

1. 信息不可篡改性

传统的数据库具有增加、删除、修改和查询四个经典操作。对于区块链的全网账本而言，区块链技术相当于去掉了修改和删除两个操作，只留下增加和查询两个操作，通过区块和链表的"块链式"结构，加上相应的时间戳进行凭证固化，形成环环相扣、难以篡改的可信数据集合。

对区块链的删除和修改操作也是可以实现的，但这种实现在区块链系统中是一种非法操作，也就是区块链中的分叉。这种非法操作不但有巨大的算力要求，非常难实现，同时因为区块链中的经济模型激励机制，也很难使人用这么大的经济成本去做修改和删除的操作。

2. 去中心化

以往中心化系统都是由某个机构或某个人来控制其运行，或者控制数据权限。但区块链的系统是去中心化的，由某种共识机制来决定由整个网络中的某个节点操作数据或其他动作。

区块链的去中心化，还表现在系统中的钱包地址。以往我们的账号都是由中心化的机构产生和管理的，但区块链中的钱包地址不是由中心化机构管理的，而是由非对称的数学算法支撑的。

对于去中心化，我们引用以太坊创始人 Vitalik Buterin 于 2017 年 2 月发表的文章 *The Meaning of Decentralization*，文中详细阐述了去中心化的含义。他认为应该从三个角度来区分计算机软件的中心化和去中心化。

（1）架构中心化是指系统能容忍多少个节点的崩溃后还可以继续运行。

（2）治理中心化是指需要多少个人和组织能最终控制这个系统。

（3）逻辑中心化是指系统呈现的接口和数据是否是一个单一的整体。

区块链是全网统一的账本，因此从逻辑上看是一个整体，对外看时是中心化的。从架构上看，区块链是基于对等网络的，因此架构是去中心化的。从治理上看，区块链通过共识算法使少数人很难控制整个系统，因此治理是去中心化的。架构和治理上的去中心化为区块链带来三个好处：容错性、抗攻击力和防合谋。

3. 匿名性

匿名性是区块链的另外一个特性，一般是指个人在群体中隐藏自己个性的一种现象。在区块链方面，匿名性是指别人无法知道你在区块链上有多少资产，以及和谁进行了转账，甚至对隐私的信息进行匿名加密。

匿名性的一方面是指无须用公开身份参与链上活动。由于节点之间的交换遵循固定的算法，其数据交互是无须信任的（区块链中的程序规则会自行判断活动是否有效），因此交易双方无须通过公开身份的方式让对方对自己产生信任，这对信用的累积非常有帮助。

匿名性的另一方面是指交易的信息具有匿名性和不可查看性。这方面是靠环签名、零知识证明等算法来实现的。这些隐私技术在达世币和门罗币、大零币这些公有链系统中已经使用。对于大家所说比特币系统的交易是匿名的这一点是有争议的。比特币上面所有的交易都可以查询到，虽然一般情况下不能知道是谁，但通过中心化的交易所和其他被公开的交易信息，是可以和现实世界中的人员对应起来的。这一点让大家觉得区块链系统不具有匿名性，但这个匿名性和我们说的区块链两个方面的匿名性是有区别的。区块链第二个方面的匿名性和大家平时理解的匿名性相同，区块链第一个方面的匿名性是一种技术的评判方式。

4. 开放性

区块链系统是开放的，区块链的数据对所有人公开，任何人都可以通过公开的接口查询区块链数据和开发相关应用，因此整个系统信息高度透明。虽然区块链的匿名性使交易各方的私有信息被加密，但这不会影响区块链的开放性，这是对开放信息的一种保护措施。

5. 自治性

区块链的自治性是指采用基于协商一致的规范和协议（如一套公开透明的算法），使整个系统中的所有节点能够在去信任的环境中自由安全地交换数据，将对"人"的信任改成了对代码的信任，任何人为的干预不起作用。区块链上的自治让多参与方、多中心的系统按照公开的算法、规则形成的自动协商一致的机制运行，以确保记录在区块链上的每一笔交易的准确性和真实性。让每个人能够对自己的数据做主，是实现以客户为中心的商业重构的重要一环。

此外，区块链系统上层的去中心化自治型组织 DAO 与 DAC 也是因为区块链的多种特性，以及区块链在经济层面的能力得以实现的。

这些特性使区块链上面产生了各种去中心化应用，同时结合区块链技术的信息互联网具有了传递价值的能力。

2.4 区块链的共识机制

共识算法是近年来分布式系统研究的热点，也是区块链技术的核心要素。共识算法主要是指解决分布式系统中多个节点之间如何对某个状态达成一致性结果的问题。分布式系统由多个服务节点共同完成对事务的处理，各服务节点对外呈现的数据状态需要保持一致性。

共识算法，顾名思义，就是共同认可，它的反面就是有分歧。解决分歧依靠的是相信科学、尊重客观事实、投票、仲裁、竞争、权威命令等方式。

共识算法的机制可从以下四个维度评价。

（1）安全性，即是否可以防止二次支付、私自挖矿等攻击，是否有良好的容错能力。

（2）扩展性，即是否支持网络节点扩展。扩展性是区块链设计要考虑的关键因素之一。

（3）性能效率，即交易达成共识被记录在区块链中直到被最终确认的时间延迟，也可以理解为系统每秒可处理确认的交易数量。

（4）资源消耗，即在达成共识的过程中系统要耗费的计算资源大小，包括 CPU、内存等。区块链上的共识机制借助计算资源或网络通信资源达成共识。

达成共识的过程越分散，其效率就越低，但其满意度就越高，因此就越稳定；相反，达成共识的过程越集中，其效率越高，就越容易出现独裁和腐败现象。

常用的一种方法是通过物质上的激励对某个事件达成共识，但是这种方式存在的问题就是共识机制容易被外界其他更大的物质激励所破坏。

2.5 区块链的智能合约

智能合约是嵌入合同条款和条件的计算机协议。合同的人类可读术语（源代码）被编译成可在网络上运行的可执行计算机代码。因此，许多类型的合同条款可以部分或完全自动执行、自我执行，或者两者兼而有之。

区块链技术通过构建其分布式分类账架构来实现智能合约。构成智能合约的代码可以作为区块链 2.0 应用程序条目的一部分添加。现在可以输入彼此不了解的第三方之间的智能合约，因为区块链中的信任是作为无法伪造或篡改的数据库。特别地，现在能以低成本签署与多个第三方的合同（多重合同）。因此，基于区块链的智能合约的定义为"一段代码（智能合约）可以部署到共享的、复制的分类账，以维持自己的状态、控制自己的资产，并响应外部信息的到来或收到资产"。

智能合约是一种旨在以信息化方式传播、验证或执行合同的计算机协议。智能合约允许在没有第三方的情况下进行可信交易，这些交易可追踪且不可逆转。

智能合约的目的是提供优于传统合约的安全方法，并减少与合约相关的其他交易成本。智能合约这个术语至少可以追溯到 1995 年，是由多产的跨领域法律学者尼克·萨博（Nick Szabo）提出来的。他在发表于自己网站的几篇文章中提到了智能合约的理念，其定义为：一个智能合约是一套以数字形式定义的承诺（Commitment），包括合约参与方可以在上面执行这些承诺的协议。

虽然智能合约的理论提出很早，但尼克·萨博关于智能合约的工作理论迟迟没有实现，这是因为缺乏能够支持可编程合约的数字系统。实现智能合约的一大障碍是计算机程序不能真正地触发价值转移和传递。区块链技术的出现和被广泛使用正在改变阻碍智能合约的现状，从而使尼克·萨博的理念有了实现的机会。

所谓的智能合约，如果忽略"智能"二字，则与我们现实生活中见到的合约没什么不同。之所以称其为"智能"，是因为合约的条款能够以代码的形式存放到区块链中，一旦合约的条款触发某个条件，代码就会自动执行，即便有人想违约也很难，因为区块链上已经部署好的智能合约代码不受人的控制，它只要满足条件就会立即执行，这就节省了很多人为的沟通和监督成本。

智能合约的详细解释如下。

（1）定义：一个智能合约是一套以数字形式定义的承诺，包括合约参与方可以在上面执行这些承诺的协议。

（2）承诺：一套承诺是指合约参与方同意的（经常是相互的）权利和义务。这些承诺定义了合约的本质和目的。以一个销售合约为例，卖家承诺发送货物，买家承诺支付合理的货款。

（3）数字形式：意味着合约不得不写入计算机可读的代码中。这是必需的，因为只要参与方达成协定，智能合约建立的权利和义务是由计算机或计算机网络执行的。

（4）协议：是技术实现，在这个基础上，合约承诺被实现，或者合约承诺实现被记录下来。

选择哪个协议取决于许多因素，最重要的因素是在合约履行期间被交易资产的本质。

智能合约不仅仅是一个能自动执行的计算机程序，也是一个系统参与者，能接收信息并回应。智能合约既能接收和存储价值，也能对外发送信息和价值。它的存在类似于一个值得信任的人，可以替我们保管资产，并且按照制定好的规则进行操作。而传统合约与此相反。

1. 传统合约

在现实生活中，很多时候需要我们签订一些合同，以此来约束双方的经济行为。但也会遇到这样的情况：即使签订了合约，也不能保证双方能依照合约完成合同内的承诺。

举个简单例子：甲、乙以100元作为赌注来赌骰子的大小，甲赌小，乙赌大。最终骰子结果是小，但是乙耍赖，并不愿意支付甲100元，此时甲应该怎么办？一般情况下，甲找到另外一个朋友，让其作为见证人，见证人向他们各自收取赌注（100元）。

然后开始摇骰盅，两个骰子数字加起来是6，甲认为这是小，但是乙认为是大。这时候作为见证人，他也无法确定到底算大还是小。经过一番争论，见证人认为甲是对的，甲赢了乙的100元，见证人准备将赌注交给甲时，却发现赌注被一旁观看的小偷给顺走了，见证人无法将甲赢取的赌注交付给甲。

从这里可以看出，传统合约会受到各种维度的影响，如主观与客观维度、成本维度、执行时间维度、违约惩罚维度和适用范围维度等。

2. 智能合约

智能合约在一定程度上解决了这些问题。我们只需要提前制定好规则，程序在触发合约条件时就会自动执行。智能合约的工作理论迟迟没有实现的重要原因是缺少支持可编程合约的数字系统和技术。区块链的出现解决了该问题，它不仅可以支持编程合约，同时区块链具有去中心化、无法被篡改、公开透明的特点，非常适合智能合约。很多人会问，智能合约不就是一段条件判断代码吗？像淘宝的交易流程，从买家打钱到支付宝，卖家发货，到买家确认收货，到支付宝将钱打给卖家。这一系列的流程，早就实现了智能合约的想法了吧？区块链的特点是数据无法被篡改，只能新增，这保证了数据的可追溯性。而像支付宝等作为第三方的担保系统，依然是中心化的，合约的执行完全靠第三方来决定。如果有人篡改数据，或者干预流程执行，参与者没有任何办法解决这个问题，这是中心化系统的特点。

基于区块链技术的智能合约不仅可以发挥智能合约在成本效率方面的优势，还可以避免恶意行为对合约正常执行的干扰。将智能合约以数字化的形式写入区块链中，由区块链技术的特性保障存储、读取、执行整个过程透明可跟踪、不可篡改。同时，由区块链自带的共识算法构建出一套状态机系统，使智能合约能够高效地运行。

传统合约是指双方或者多方通过协议进行等值交换，双方或者多方必须彼此信任，能履行交易，一旦一方违约，可能就要借助社会的监督和司法机构。而智能合约则无须信任彼此，因为智能合约不仅由代码进行定义，也会由代码强制执行，完全自动且无法干预。

2.6　区块链的预言机

将区块链外信息写入区块链内的机制，一般称为预言机（Oracle Mechanism）。

区块链是一个确定性的、封闭的系统环境，目前区块链只能获取链内的数据，而不能获取链外现实世界的数据，区块链与现实世界是分离的。

预言机的功能就是将外界信息写入区块链，完成区块链与现实世界的数据互通。它允许确定的智能合约对不确定的外部世界做出反应，是智能合约与外部进行数据交互的唯一途径，也是区块链与现实世界进行数据交互的接口。

预言机之所以可以提供一个可证明的、诚实的从外部世界安全获取信息的能力，主要依赖于 TLS 证明技术（TLSnotary）。除此以外，预言机还提供了其他两种证明机制：Android SafetyNet 证明、IPFS 大文件传送和存储证明。

在整个传输中，TLS 的 Master Key 可以分成三个部分：服务器方、受审核方和审核方。在整个流程中，互联网数据源作为服务器方，预言机作为受审核方，一个专门设计的、部署在云上的开源实例作为审核方，每个人都可以通过审核方服务对预言机过去提供的数据进行审查和检验，以保证数据的完整性和安全性。

预言机有三种类型，分别是软件预言机、硬件预言机和共识预言机。

（1）软件预言机。通过 API 从第三方服务商或网站获取数据，作为智能合约的输入数据。最常用的如天气数据、航班数据、证券市场数据等。

（2）硬件预言机。通常的表现形式是物联网上的数据采集器，如溯源系统，安装在各个设备上的传感器就是硬件预言机。区块链技术在物联网领域的广泛应用将催生出大量的硬件预言机，硬件预言机的核心技术与区块链无关，表现形式多为传感器和数据采集器。

（3）共识预言机。区别于前两种预言机的中心化，共识预言机通常又被称为去中心化预言机，这种预言机通过分布式的参与者进行投票。

因为预言机的存在，所以对区块链更精准的定义应该是维持信任的机器。区块链本身并不产生信任，信任的输入来自预言机。

预言机作为区块链的基础设施，仍在发展中，面对物理世界多样化情景的处理仍是一个主要的挑战，在某种程度上，这缩小了区块链的适用范围，成了区块链落地的瓶颈。

一般智能合约的执行需要触发条件，当智能合约的触发条件是外部信息时（链外），就需要预言机来提供数据服务。通过预言机将现实世界的数据输入到区块链上，因为智能合约不支持对外请求。区块链是确定性的环境，它不允许不确定的事情或因素，智能合约不管何时何地运行都必须是一致的结果，所以虚拟机（VM）不能让智能合约有 Network Call（网络调用），不然结果就是不确定的。也就是说，智能合约不能进行 I/O（Input/Output，输入 / 输出），所以它无法主动获取外部数据，只能通过预言机将数据给到智能合约。预言机的示意图如图 2-9 所示。

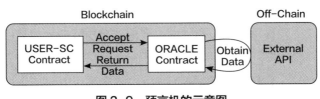

图 2-9　预言机的示意图

2.7　区块链系统中的经济模型

本章开头部分有一句是对经济模型的描述：经济模型是区块链的核能。区块链之所以会产生巨大的影响力，除了技术方面的因素，更主要的一个因素是区块链系统中包含与经济相关的内容，这也使区块链技术的产生与发展，与以往的新技术产生有一个显著的不同点。因为有了区块链的存在，我们可以在网络中生产和传递价值。对于一个区块链项目而言，除了要关注其技术的理论知识与实现，还需要关注其中经济模型的理论知识与设计。经济模型的作用在 Web 3.0 时代更加显著，多种应用的发展让更多人感受到经济模型的激励作用。

经济学中的经济模型，是指用来描述所研究的经济事物的有关经济变量之间相互关系的理论结构。通常是经济理论的数学表述，是一种分析方法。区块链项目中的经济模型，是指在项目生态的核心业务流程上设计的通证总量和管理职责，各个参与方价值的分配方式与规则，包括生产、分配、交换、消费等环节。数字通证存在的意义就是更好地用经济手段促进并加强这种链内协作，激励各方为项目系统的发展作出贡献，限制或惩罚项目中的破坏行为，帮助各方获取利益。区块链中的经济模型的主要作用是激励各方参与者加入，共同提高整个生态的价值，并合理分配相关收益。这个系统的运行应该是公开、公平，并且由社区共同治理的。

区块链项目中的经济模型，除了在设计阶段由项目方提供经济模型的设计方案外，在区块链运行阶段，一般符合经济学逻辑的规则由代码来执行，而尽量不进行人为干预，即使干预也需要征询社区的意见。在特殊情况下，如以太坊的 The DAO安全事件，通过社区的决议，可以改变或修正不期望的经济行为。但如果这种异常情况的处理不妥当，就经常会出现争议，引发分裂。The DAO 事件后，产生了两条公有链：以太坊 ETH 和以太经典 ETC，即分裂的结果。

区块链初期的经济模型相对比较简单，后期随着发展，遇到的各种问题和场景更多、更复杂，经济模型也在逐渐完善。经济模型在比特币产生时，仅仅包含基础的规则，如通证的总量、激励规则、发行规则、分配方式等内容。随着各种公有链的发展，以及区块链 2.0 阶段的到来，区块链中的经济模型越来越完善，也被实践检验与修正了很多不合理的设计。当前 Web 3.0 的应用已经很丰富，经济模型得到了更多应用场景的检验与修正。

完善的经济模型应该能够描述整个链内生态中的价值生产、分配、交换、消费，并抽象成通证的需求与供给关系。通证的属性应有明确的定义与使用场景、流转模式、参与角色等内容。在一种通证不能完成相关职能的情况下，可以由多个通证组合起来，完成经济模型与应用场景的匹配与运行。早期的多通证模型不多，著名的有 Steemit 中的三种通证（SP、Steem、SBD），发展到今天，多通证模型已经非常常见，后面介绍的 SocialFi 中就存在典型的应用推动的多通证模型设计。

2.8 当前区块链技术的前沿领域

随着区块链技术的发展和 Web 3.0 应用场景的增加，对区块链这个底层基础设施提出了更多的要求，当前呈现出应用需求推动技术不断发展和成熟。一方面体现在一些新标准的产生，如 EIP-1155（多通证协议）、EIP-4400（ERC-721 扩展）、

EIP-4907（可租借 NFT）……另一方面，应用场景的增加还推动区块链的性能和功能的发展，如二层扩展技术、跨链技术、虚拟机的升级。

Web 3.0 中丰富的应用场景，也使应用的架构更加清晰，DApp 的结构分层也有了较好的发展和标准，如 Web 3 的技术栈的 L0~L4 层。这种分层使每一层的功能更清晰、更专业，项目的总体质量也更可控，利于大型项目的产生。

1. 二层扩展技术

区块链的主链称为第一层（Layer 1），为了扩展第一层的能力，产生了一系列的解决方案，二层扩展（Layer 2）是这些解决方案的统称。当区块链的主网络繁忙时，事务处理速度会受到影响，这会使某些类型的 DApps 的用户体验变差。随着网络变得越来越繁忙，燃料价格也随着交易发送者的目标互相竞标而上涨。这可能导致使用以太坊变得非常昂贵。此外，出于对安全和隐私的需求，也可以在二层扩展中实现。

区块链的二层扩展技术有多种实现方式，其中的零知识汇总和乐观汇总是比较热门的实现方式。汇总是将侧链（侧链是与主链兼容的独立区块链）交易捆绑或"汇总"到单个交易中并生成加密证明的解决方案，称为 SNARK（知识的简洁非交互式论证），仅将此证明提交给主链。

换句话说，汇总意味着所有状态和执行都在侧链中进行处理——签名验证、合约执行等。区块链主链（第一层）仅存储交易数据。汇总解决方案需要在汇总合约中质押资金。这样保证能够准确地执行中继汇总。

（1）零知识汇总（也称为 ZK 汇总）通过智能合约将数百个链外转移提交到单个交易中。根据提交的数据，智能合约可以验证所包含的所有转移。这称为有效性证明。使用 ZK 汇总，由于包含的数据较少，因此验证区块数据更快，费用更低。不需要所有交易数据来验证交易，仅需证明即可。可以优化发生 ZK 汇总的侧链，以进一步减小交易规模。例如，一个账户由一个索引而不是一个地址表示，这将一个事务从 32 个字节减少到仅 4 个字节。交易也作为调用数据写入主链，从而减少了交易费用。

（2）乐观汇总使用与主链平行的侧链。它们可以提供可扩展性方面的改进，因为它们默认情况下不进行任何计算，取而代之的是，在交易之后，它们向主网提出新状态或"公证"交易。

借助乐观汇总，交易将作为调用数据写入主链，从而通过降低成本进一步优化交易。由于计算不是使用主链的缓慢、昂贵的部分，因此，根据交易的情况，乐观汇总最多可将可扩展性提高 10~100 倍。

2. 跨链

随着这几年区块链技术的发展，区块链项目也越来越多。在每条公有链上的资产和数据有在不同链之间流动的需求，但由于区块链的封闭性和早期的技术原因，这些数据和资产无法自由快速流通、不同链之间的生态无法对接。随着 Web 3.0 应用的蓬勃发展，跨链的需求越来越强烈，用户希望数字资产可以在不同的链之间流动，于是产生了跨链需求。

跨链就是通过一个技术，能让数据跨过链和链之间的障碍，进行直接的流通。区块链是分布式总账的一种。跨链的解决方案主要有公证人机制（Notary schemes）、侧链/中继（Sidechains/ relays）、哈希锁定（Hash-locking）、分布式私钥控制（Distributed private key control）等。

跨链技术的应用如下：

（1）可转移的资产，资产可以在多链之间来回转移和使用。

（2）原子交易，链间资产的同时交换。

（3）跨链数据预言机，链 A 需要得知链 B 的数据的证明。

（4）跨链执行合约。例如，根据链 A 的股权证明在链 B 上分发股息。

（5）跨链交易所，对于协议不直接支持跨链操作的区块链进行补充。

当前的跨链案例有如下几种：

（1）跨链交易平台。用户在跨链去中心化交易平台（DEX）上执行交易时，可以跨越各个区块链的通证池获得流动性，以解决多链 DEX 流动性分化的问题。另外，跨链 DEX 的用户还可以将一条链上的原生通证换成另一条链上的原生通证。

（2）跨链收益聚合。跨链收益聚合可以将用户存入的资金放置在各条链上的 DeFi 协议中。这样用户就无须手动将通证资产桥接到其他链上以最大化收益，并轻松获得更高的收益。这将极大改善多链聚合收益的体验，所有烦琐的流程都将得到简化。

（3）跨链借贷。跨链货币市场可以推动跨链借贷市场的发展，用户可以在一条链上存入抵押资产（ETH），并在另一条链上贷入通证资产（如 USDC）。这样一来，用户既可以将抵押资产放在更加安全的区块链上，又可以在吞吐量更高的区块链上贷入通证资产，并将资产放到这条链上的应用中产生收益。

跨链货币市场的用户还可以在另一条利率较低的区块链上贷入通证资产，然后将资产桥接回第二条区块链上还贷款。这将有助于统一不同区块链上的收益率，为低流动性、高利率的货币市场降低贷款成本。

（4）跨链DAO。去中心化的自治组织（DAO）可以利用跨链互操作性，在一个或多个高吞吐量的区块链网络中展开链上投票，并且将投票结果发送回核心治理合约所在的成本较高的区块链上。这样做不仅可以为DAO的参与者降低交易成本，还能实现链上透明且抗操纵，并激励更多人参与。

另外，跨链DAO还可以无缝治理并修改不同区块链上的智能合约参数，拓宽一个或多个链上环境中持币者的治理范围。

（5）跨链NFT。跨链NFT市场的用户可以在任何区块链上发布或竞拍NFT。这将提升NFT的流动性，并且NFT可以在竞拍结束后在不同区块链之间无缝传输。另外，某一区块链上的游戏也可以采用跨链互操作性来追踪另一条区块链上的NFT所有权。因此，用户能够将NFT安全地存储在任意区块链上，并同时在其他区块链的游戏中使用这些NFT。这些跨链NFT也增加了GameFi和SocialFi的应用场景并提升了用户体验。

3. 公有链升级、专用公有链、新协议

随着Web 3.0应用的蓬勃发展，二层扩展、跨链解决了部分问题，为了满足更多的需求，出现了公有链升级、专用公有链和新协议。

（1）公有链升级：典型案例是以太坊 2.0 的升级。2015年推出的以太坊协议取得了令人难以置信的成功，但是以太坊社区一直希望有一些关键的升级来释放以太坊的全部潜力。以太坊的高需求推动了交易费用，使其对于普通用户而言变得昂贵。运行以太坊客户端所需的磁盘空间快速增长。保持以太坊安全和去中心化的底层工作量证明 PoW 共识算法对环境有很大影响。以太坊当前的问题在于：网络堵塞、磁盘空间占用多、PoW 消耗能量过多。为了解决这些问题，需要对以太坊 1.0 的主网进行升级。

以太坊 1.0 的主网升级称为以太坊 2.0、Eth2 或 Serenity，它将带来分片、权益证明（PoS）、新虚拟机（eWASM）等新内容。以太坊 2.0 的愿景是：为了使以太坊成为主流公有链并为全人类服务，因此必须使以太坊更具可扩展性、安全性和可持续性。

（2）专用公有链：在区块链领域，像游戏、NFT 等应用开始都建立在 ETH、BSC、SOL、AVAX 这些常见公有链上，但因为是普适性的公有链，常见公有链的利弊开始呈现。例如，以太坊受制于性能和交易费用的影响，不可能运行大的游戏，也不适合一些特殊应用需要的发展，于是专用公有链应运而生，如游戏领域的 Ronin、WAXP 和 NFT 领域的 Flow。

（3）新协议：以当前热门的 NFT 为例，因为需求发展的推动，产生了 ERC-1155（多通证协议）、ERC-998（可组合的非同质化代币）、EIP-1948（可存储动态数据的 NFT）、EIP-2981（专注于 NFT 版税的以太坊协议）、ERC-809（可租用的NFT）等。

4. 垂直领域公有链与服务

随着 Web 3.0 应用的蓬勃发展，还推动了一些垂直领域的公有链产生。有代表性的领域是去中心化存储领域和名称空间领域。

（1）去中心化存储相关的公有链：受 NFT 的火热发展和 Mirror 等知名 Web 3.0 应用发展的影响，这些应用上的数据有了更多的去中心化存储需求。传统的中心化存储容易受到审查并且是可变的。用户需要信任存储提供商以确保数据安全，但这是不可靠的，因为数据可能会被故意或意外删除，如存储提供商的政策变化、硬件故障或受到第三方攻击等原因。

这样原有的区块链存储项目 Filecoin、Sia、Storj 和 Swarm 都得到了进一步的推动发展，同时也产生了 Arweave 和 Crust Network 等新型区块链存储项目。

（2）名称空间相关的产品与服务：区块链中钱包地址的难于记忆，在 Web 3.0 中有了更多对名称空间的需求，于是产生了 ENS 这样的名称服务。这项服务不仅被用于域名空间，还被广大用户用于标识自己的网络名称。

由于受到 Web 3.0 应用的强力推动，区块链领域还在产生更多的发展和变化，我们仅以当前的一些显著变化做了相关的说明，随着 Web 3.0 的进一步发展和成熟，区块链技术的前沿领域还会不断地变化。

2.9　Web 3.0 与区块链的关系

我们用了一章的内容概要介绍了区块链的相关知识，是因为区块链技术在 Web 3.0 中具有重要的价值，它是 Web 3.0 应用的基础设施。

区块链包含的知识体系非常庞大，专业的技术人员还需要专门系统地学习相关知识，在此用一张图例来给大家展示区块链 2.0 中的主要组成，当前的 Web 3.0 应用都是基于区块链 2.0 技术，如图 2-10 所示。

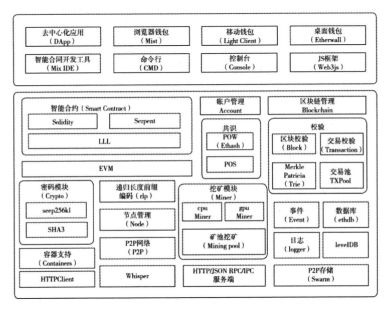

图 2-10　区块链 2.0 的基本框架

区块链技术在 Web 3.0 中的作用，我们使用 Web 3.0 的分层堆栈模型来说明，这样我们更容易理解区块链在 Web 3.0 中的作用位置与范围，如图 2-11 所示。

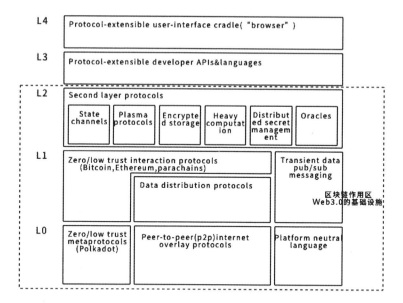

图 2-11　Web 3.0 的分层堆栈模型

第
3
章

Web 3.0 的技术栈与核心特征

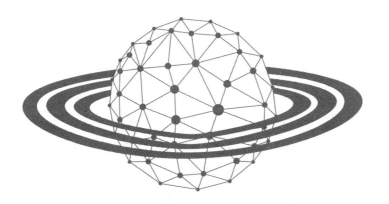

本章我们一起了解 Web 3.0 的技术实现框架及其核心特征。Web 3.0 的概念和理论在 2021 年能够得到迅速普及并引起众多人的关注，很重要的一个原因是 Web 3.0 的技术基础有了一定的成熟度，可以开发出丰富的产品供人们使用。

3.1　Web 3.0 技术栈的愿景

2014 年，Gavin Wood 发表了一篇文章 *Insights into a Modern World: DApps: What Web 3.0 Looks Like*，文章全面地解释了他心中的 Web 3.0 时代应该是什么样的，以及构成 Web 3.0 的四类应用场景：静态内容发布、动态信息、免信任交易和集成的用户界面。

事情缘起于斯诺登事件之后，对于安全、隐私和数据被滥用的风险再一次引起 Gavin Wood 的思考。于是提出了后斯诺登时代的网络应该有四个组成部分：静态内容发布、动态信息、免信任交易和集成的用户界面。这是对 Web 3.0 的功能需求表述。Web 3.0 的设计思想是对我们现有网络应用的重新设计。针对不同信息做不同类型的操作，其中属于公开的信息就发布，需要一致性的信息就将其放在一个共识账本上，隐私的信息会加密保存，通信要在加密的通道上进行，并且只以匿名身份作为端点，从不使用任何可追踪的东西。设计的新系统要从数学原理上保障这些需求的实现，而不是信任任何机构或个人。

通过上面描述，我们清楚了 Web 3.0 中重要的四类应用场景：

（1）发布——静态内容发布。Web 3.0 的第一部分技术用于发布和下载人们愿意共享的任何静态信息，并且能够激励其他人维护和分享这些信息；其设计要考虑和 Web 3.0 的其他部分有效融合。需要仔细设计静态内容系统中的经济模型，能够达到激励和防止作恶的目的。

（2）通信——动态信息。Web 3.0 的第二部分是一个基于身份的匿名级信息传递系统，用于网络上人们之间的交流。这套系统基于功能强大的非对称密码学，不仅能够完成信息的安全传递，也能够识别身份。在传统系统中，传递消息辅助结构都可以转换为一个哈希地址，并且传递这些动态信息不可被跟踪。

（3）共识——免信任交易。Web 3.0 的第三部分是共识引擎。区块链中的共识机制是一种对某些交互规则达成一致的方法。这可以理解为一个包罗万象的社会契约，依靠共识网络来保障执行。共识引擎将被用于所有可信的信息发布和修改，可以通过一个全球通用的公有链系统完成。传统的网络没有从根本上解决共识问题，所以需要依靠权威机构的中心化信任。

（4）前端——集成的用户界面。Web 3.0 的第四部分也是最后一个组成部分，是将这一切结合起来的技术，有些像通过"浏览器"或用户界面使用一个系统。构成 Web 3.0 的 DApp，使用上和传统软件很相似，从用户的角度观察会有一些小的差异，能够保障前面三项应用能力在后端实现，后台在 Web 3.0 的应用中扮演重要的角色。

对于 Web 3.0 的用户来说，所有的交互都将以匿名、安全的方式进行，对于许多服务来说，是不可信任的。对于那些需要第三方的服务，这些工具将使用户和应用程序开发者有能力将信任分散到多个不同的、可能是相互竞争的实体中，从而大量减少人们必须放在任何特定的单一实体手中的信任。

Web 3.0 的这种设计思路，也使 Web 2.0 上的应用大部分都可以迁徙到 Web 3.0 上，并且迁徙可以是一种渐进的过程。

在需求上的这种分类，已经为技术实现提供了场景划分，于是 Web 3.0 技术栈的功能就变得非常清晰，接下来就可以进行技术栈的详细设计。

3.2　Web 3.0 技术栈分层详解

本节的内容以 Web 3 的官方文档为准，Web 3 的官方网址为 https://Web 3.foundation/。Web 3 的五层技术栈结构如图 3-1 所示。

图中对每层的注释如下。

● L4：技术栈顶层，即用户应用层（像使用浏览器一样）。

● L3：开发者 API 接口和开发语言。

● L2：区块链的二层扩展技术。

● L1：提供了分发和互动数据的能力。类似数据层。

● L0：提供了数据分发和互动能力。类似网络层。

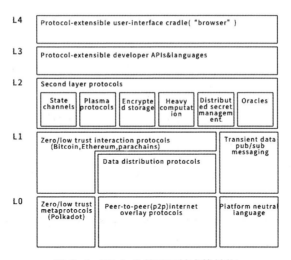

图 3-1　Web 3 的五层技术栈结构

结合 Web 3.0 的四种需求场景：静态内容发布、动态信息、免信任交易和集成的用户界面，下面对每一层进行详细描述。

1. L4：技术栈顶层，即用户应用层

这一层就是规划设想中 Web 3.0 四场景中的集成的用户界面层。它让普通用户使用 Web 3.0 的应用，像平时使用浏览器或操作其他 APP 那样简单，并且可以在多个区块链应用中切换与互动。

2. L3：开发者 API 接口和开发语言

在这一层，开发人员和程序员可以适当抽象，并进行程序开发。这一层包括可扩展协议的 API 和开发语言，当前有多种语言用于这一层，如 Solidity 和 Vyper（Ethereum）、Plutus（Cardano）和 Rust（Substrate）。此外，还有各种框架与 SDK 开发包，使编程与区块链互动的应用更加容易，如 ethers.js、Web 3.js 和 oo7.js。

3. L2：区块链的二层扩展技术

这一层增强了 L1 层（区块链一层）能力：进行提升扩展性、加密消息传递、分布式计算等功能。其中包括状态通道（State Channels）、Plasma 协议、加密存储（Encrypted Storage）、高密度计算（Heavy Computation）、分布式密钥管理（Distributed Secret Management）和预言机（Oracles）。

（1）状态通道：区块链通过节点在链外相互通信，通过在主链上"打开"和"关闭"通道，只写初始和最终结果，而不是在链上记录每个状态转换，从而提高可扩展性的一种方式。案例包括比特币的闪电网络（Lightning Network）和以太坊的雷电网络（Raiden Network）。

（2）Plasma 协议：Plasma 是通过创建区块链的"树"来提高可扩展性的另一种方式，主链是树的根，而"子"区块链尽可能少地与更高级别的链互动。案例包括 Loom 的 PlasmaChain 和 OmigeGO Plasma。

（3）加密存储：使用密码学对数据进行数学加密和解密，包括静态（即存储在特定的计算机上）和动态（即从一台计算机传输到另一台计算机）。例如，静态是指存储加密，动态是指传输加密（HTTPS 就是一种传输加密）。

（4）高密度计算：可以理解为需要进行大量的计算。例如，在数组中推送大量的对象提供一种方法，允许计算分散在许多计算机中，并证明计算是正确进行的。案例包括以太坊的 Golem 和 TrueBit。

（5）分布式密钥管理：允许信息只被授权方访问，包括复杂的场景，如"解密此信息需要所有6个签名者使用他们的密钥"或"7个签名者中的任何5个必须同意"等。

（6）预言机：将链外数据（如天气结果或股票价格）注入区块链的一种方式，一般供智能合约使用。

4. L1：提供了分发和互动数据的能力（类似数据层）

（1）零/低信任度互动协议：描述不同节点如何相互作用，并信任来自每个节点的计算和信息的协议。大多数加密货币，如比特币和ZCash，符合零/低信任交互协议的定义，它们描述了节点参与协议所需遵循的规则。

（2）数据分配协议：描述数据如何在去中心化系统的各个节点之间分配和交流的协议。案例包括IPFS、Swarm和BigchainDB。

（3）瞬时数据公共/子信息传递：描述不打算永久存储的数据（如状态更新）如何被传达，以及如何让节点意识到其存在的协议。案例包括Whisper和Matrix。

5. L0：提供了数据分发和互动能力（类似网络层）

（1）零/低信任度互动协议：描述不同节点如何相互作用，并信任来自每个节点的计算和信息的协议。大多数加密货币，如比特币和ZCash，符合零/低信任互动协议的定义，它们描述了节点参与协议所需遵循的规则。

（2）点对点互联网覆盖协议（Peer-to-Peer，P2P）：一个允许节点以分散的方式进行通信的网络套件。

（3）平台中立的计算描述语言（Platform-Neutral Computation Description Language）：一种在不同物理平台（架构、操作系统等）

上执行相同程序的方式。案例包括 EVM（以太坊）、UTXOs（比特币）和 Wasm。

3.3　Web 3.0 技术栈的作用

1. 为 Web 3.0 的应用开发者提供基础设施

基础设施使新进入者能够专注于他们的核心竞争力，可以在一个坚实平台和前人的基础上构建自己的产品与服务。

Web 2.0 时代的巨大影响力很重要的一个方面是基础设施的完善与强大。软件、硬件和相关的生态的基础设施都很完善，这使整个生态系统得以形成、扩大并在其之上茁壮成长。Web 3.0时代需要这样完整的基础设施，Web 3.0 技术栈在完成这样的基础设施建设。

如果每个新加入的公司都必须发明自己的引擎、云后端、应用商店和广告网络，那么会怎样？这不仅在公司层面上是令人难以置信的低效，甚至需要大量资金才能开始；它还会大大减慢行业层面上的创新步伐，如果不这样做，大多数参与者将花费时间和资金同时解决相同的基本问题。

基础设施解决了这个问题，它为早期阶段的公司提供了可以满足其大部分需求的构件，然后在以后的堆栈边缘进行优化。这意味着更快的执行、迭代和扩展以及更低的成本。当然，高度具体的需求可能仍然需要定制的解决方案：整个堆栈的创新发生的部分原因使新来者能够自行克服当前的技术缺陷。

完善的基础设施还使开发者能够专注于应用层，因为网络、存储、交付和货币化等问题在堆栈的更深处得到解决。

这推动了整个生态系统的创新，以扩大可用的内容和经验的供应。例如，Facebook 的崛起使社交游戏成为可能，因为像 Zynga 这样的开发商能够利用该平台进行分销和获取用户。同样，Unity 和 Unreal 等实时引擎如今为开发者提供了一个全面的软件套件，来处理主要的技术问题，包括游戏的展现、逻辑等。这意味着开发者可以专注于自己作品的艺术展现、逻辑设计和经济模型规则，这更直接地促进了他们的独特性、吸引力和整体成功。

除了依靠有机增长外，大型基础设施玩家通常也会加速和补贴创新。这可以通过多种方式实现，包括提供资金（如 Epic Game 的赠款）、资源（如 AWS 的云积分）、指导以及早期使用专有软件（如 Epic 的虚幻引擎 5）。所有这些举措都有助于启动坚实的开发者生态系统，从而为终端用户带来更多样化的内容和体验，这只会使底层平台更具吸引力，于是循环往复。

2. 让 Web 3.0 技术栈模块化，每一层、每一个组件都更专业

对于一项广泛和庞大的协议体系，使用分层会有明显的好处。这样做会使人们容易理解，容易分工实现与容易分模块改进等，如计算机网络中的 ISO/OSI 的七层模型设计。但在具体的实现中，可以合并一些分层。例如，具体的网络协议 TCP/IP 是四层模型，如图 3-2 所示。

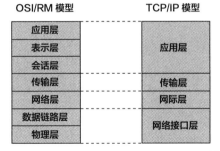

图 3-2　ISO 七层模型与 TCP/IP 的四层模型

协议分层的优点说明如下。

（1）各层次之间是独立的。某一层并不需要知道它的下一层是如何实现的，而仅仅需要知道该层通过层间的接口提供的服务。这样，整个问题的复杂程度就下降了。也就是说，上一层的工作如何进行并不影响下一层的工作，这样我们在进行每一层的工作设计时只要保证接口不变，就可以随意调整层内的工作方式。

（2）灵活性好。当任何一层发生变化时，只要层间接口关系保持不变，在这层以上或以下层均不受影响。当某一层出现技术革新或者某一层在工作中出现问题时，不会连累到其他层的工作，排除问题时也只需要考虑这一层单独的问题即可。

（3）结构上可分割开。各层都可以采用最合适的技术来实现。技术的发展往往是不对称的，层次化的划分有效避免了木桶效应，不会因为某一方面技术的不完善而影响整体的工作效率。

（4）易于实现和维护。这种结构使实现和调试一个庞大又复杂的系统变得易于处理，因为整个系统已经被分解为若干个相对独立的子系统。在进行调试和维护时，可以对每一层进行单独的调试，避免出现找不到、解决错问题的情况。

（5）能促进标准化工作。这是因为每一层的功能及其提供的服务都已有了精确的说明。标准化的好处就是可以随意替换其中的某一层，对于使用和科研来说都十分方便。

分层模块化设计思想是技术领域对待一项功能庞大、需要多人协作并不断改进的工程项目的常见处理方法，并且是经过实践检验、行之有效的方法。

3.4 传统案例与 Web 3.0 案例的技术实现对比

本节所做的对比分析内容，参考了区块链女神 Preethi Kasireddy 的文章 *The Architecture of a Web 3.0 Application* 中的内容，加上笔者在技术领域的多年工作经验，同时结合我们项目团队开发 Web 3.0 应用的经验。对传统中心化产品与 Web 3.0 产品的技术实现案例进行差异对比，读者会更容易理解两者在技术实现上的差异。结合 Gavin Wood 对 Web 3.0 的技术栈愿景描述，我们可以看到 Web 3.0 技术实现的最大差异在后台，用户的体验层差异比较小。

传统的中心化应用技术实现的架构示意图（Web 2.0 和 Web 1.0）如图 3-3 所示。

（1）前端：对于 Web 前端来说，通常是指网站的前台部分，包括网站的表现层和结构层、Web 页面的结构、Web 的外观视觉表现，以及 Web 层面的交互实现。

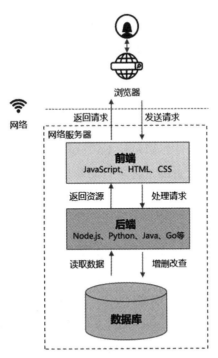

图3-3　传统的中心化应用技术实现的架构示意图

　　前端代码（通常用 JavaScript、HTML 和 CSS 编写）定义了一款产品的用户界面逻辑。如 Medium 网站长什么样子，以及当用户与页面上的一些模块（如按钮、状态栏、小图标等）互动时会发生什么。

　　（2）后端：后端更多的是与数据库进行交互以处理相应的业务逻辑，需要考虑的是如何实现功能、数据的存取、平台的稳定性与性能等。

　　后端代码（用 Node.js、Python、Java 或 Go 等语言编写）需要对 Medium 网站的业务逻辑有着很清晰的定义和实现。例如，当某个新用户注册、发布新博客或在别人的博客上发表评论时，网站会与用户产生什么样的交互。

当前 Web 2.0 的后台功能已经十分丰富，各种应用框架和应用分层技术都比较成熟，大型平台公司的系统在大应用的推动下，分布式技术、集群技术都在大量使用。Web 2.0 时代的小应用技术和大平台应用技术在后台结构上已经有很大的差异。

（3）数据库：网站必须具备一个存放网络数据的库，也称数据空间。

现在大多网站都是由 ASP、PHP、Java 开发的动态网站，网站数据由专门的数据库来存放。网站数据可以通过网站后台直接发布到网站数据库，网站则对这些数据进行调用和组织展现。同时存储用户信息、用户上传内容、标签、评论、点赞等，数据库需要不断更新。

以 Medium 为例：用户尝试登录 Medium 并上传内容，用户在前端 / 客户端输入用户名和密码，向后端 / 服务器发起 HTTP/HTTPS 请求（Request），后端接收到请求之后，向数据库发起查询（Query），在数据库中查询用户名和密码是否正确，查询完毕向后端返回结果和用户的其他信息，后端接收到这些数据之后，向前端发起 HTTP/HTTPS 请求（Response），前端接收到请求之后，在页面上渲染出来。上述所有这些代码都托管在中心化的服务器上，并通过互联网浏览器发送给用户。

Web 3.0 的去中心化应用技术实现架构如图 3-4 所示。

（1）签名：Web 3 产品第一个不同的地方是在前端的登录方式，用户无须拥有一套账户和密码体系，而是依靠区块链钱包提供的公私钥来完成账号生成与身份认证，这依靠非对称密码原理，不仅更安全，也实现了账号的去中心化。

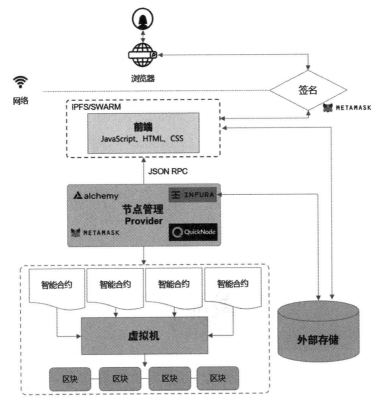

图 3-4　Web 3.0 的去中心化应用技术实现架构

　　类似于允许用户无须创建多个账户即可访问各种应用程序，加密钱包在 Web 3 中也可以具有类似的功能。加密钱包用户能够随时连接到去中心化协议并开始使用，无须提交个人信息或注册账户。Web 3 应用不需要调用数据库（Web 3 也没有这样一个中心化的数据库）来读取用户数据，因为所有用户数据都是在链上公开的。用户需要链接一个钱包（网页端就是浏览器扩展，移动端会是一个单独的 App），签署一笔交易即可实现登录。

（2）前端：前端用户体验上与 Web 2.0 没有太大的区别，不过前端的代码是在去中心服务器上存储的。笔者的项目经验表明：当前 Web 3.0 应用比较多的实现是在中心化上面存储的，这种存放影响不大，反而更利于稳定性。前端代码的去中心化存储还需要经历一定的发展周期。

（3）节点管理：Mirror 运行在以太坊这样一个去中心化的网络上，网络中的每个节点都保留着以太坊状态机上所有状态的副本，包括与每个智能合约相关的代码和数据。想要让前端与智能合约进行通信、功能调用，就需要与节点的其中一个互动。

这是因为任何节点都可以广播请求在 EVM（以太坊虚拟机）上执行一个交易。因此，除了自己构建一套以太坊全节点以外，还可以使用由第三方服务商提供的 API 服务进行前端和智能合约之间的交互（这种多节点的管理比较像 Web 2.0 应用中的读写分离）。

（4）虚拟机：虚拟机是 Web 3.0 架构里最核心的模块。与 Web 2.0 应用不同，Web 3.0 没有后台和数据库，也不需要集中的网络服务器来存放后端的逻辑。

虚拟机（Virtual Machine）简单来说是指建立在去中心化的区块链上的代码运行环境，目前市面上比较主流的是以太坊虚拟机（Ethereum Virtual Machine，EVM）和类以太坊虚拟机基于

Account 账户模型，将智能合约代码以对外完全隔离的方式在内部运行，实现了图灵完备的智能合约体系。以太坊需要数以千计的用户在他们的个人电脑上运行一个软件来支撑整个网络。网络中的每个节点（计算机或其他服务器）都用来运行以太坊虚拟机。可以把 EVM 想象成一个操作系统，它能够理解并且执行用以太坊上特定编程语言编写的软件。EVM 在 Mirror 产品架构内承担了"数据库 + 后端"的职责，数据存储在链上，智能合约对数据进行处理。

（5）智能合约：一个在满足特定条件时在区块链上执行代码的程序，各方以数字签署合同的方式准许并维护其运行（本书第 2 章中有更详细的介绍）。

智能合约其实也是存储在区块链（每个节点）中的一段相同代码，这段代码定义了合约的规则，当输入满足要求的条件后，每个节点中的智能合约代码会自动独立执行，并自动交叉检查所有的执行结果是否相同。

（6）外部存储：因为区块链的账本同步属性，链上的存储是非常昂贵的，所以大部分占空间且不是最重要的数据，会被存储在第三方的去中心化存储平台上，如 IPFS/Swarm/Arweave。

以 Mirror 举例：用户通过浏览器界面连接钱包。撰写文章，通过钱包签名，将交易发送到链上。文章会通过 Mirror 的后台传送至 Arweave 上（目前 Mirror 是通过一个中心化的账户来帮用户支付上传到 Arweave 的费用）。包含 Arweave 交易信息的交易接下来被上传到以太坊打包。这期间，钱包会和 provider

交互与以太坊连接，Mirror 自身的服务器也会通过 provider 发送
和查询交易并反馈给前端。

当前的 Web 3.0 应用更多的是在使用中心化存储，完全的
去中心化存储一方面是存储成本的问题，更重要的一方面是去
中心化存储的技术还不够成熟，稳定性与其他性能还不满足大
规模应用的要求。

3.5　Web 3.0 的核心特征

网络上的一些文章或研究报告已经用各种方式描述了 Web
3.0 的核心特征，表达的内容通常从描述者熟悉的业务场景的角
度来阐述，于是产生了较多的描述内容，或者表达的内容有交叉，
实际表达的内容是同一事物。下面这份研究报告中总结的 Web
3.0 核心特征就是一个典型代表，如图 3-5 所示。

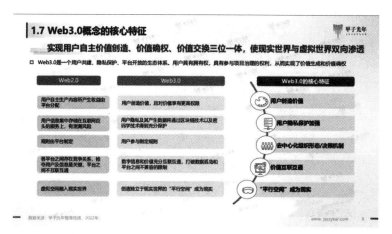

图 3-5　甲子光年报告中对 Web 3.0 核心特征的描述

本书把 Web 3.0 的核心特征概括为三点：以用户为中心（去中心化）、拥有经济模型激励、自治与共治（体现 Code is Law 的思想）。下面详细讲解这三个核心特征。

3.5.1 以用户为中心（去中心化）

以用户为中心体现在两个重要的方面：账号的产生与管理；数据的所有权与控制权。这两个方面既是体现以用户为中心的重要支撑和保障，也是体现 Web 3.0 的主要特征"用户对数据可拥有"的重要支撑基础。

1. 账号的产生与管理

传统中心化身份容易产生安全和隐私风险，中心化机构自身和处于中心化机构多个环节的操作员都可以修改和控制用户的账号信息，或者使用用户的账号身份登录并进行其他操作。这些问题在中心化系统中无法区分，并且很难禁止。虽然有规章制度和监管，但从原理上是没有办法杜绝这些事情的。

Web 3.0 的世界构建了一个去中心化的身份标识，这些身份标识基于非对称密码学原理产生，并且只能由拥有私钥的用户自己管理。基于区块链钱包地址的常见 Web 3.0 应用就是这种身份账号的初级形式，在讨论和建设中的 DID（Decentralized Identity，去中心化身份）是一套更完整的解决方案。这种依靠密码学产生的账号身份，其控制权只有拥有私钥的用户来管理，不仅其他人不能越权操作，并且签名数据也能够很好地证明操作和区分责任。

用户身份的创建和管理，是体现以用户为中心的最重要的基础。

2. 数据的所有权与控制权

有了以用户为中心的基础核心——用户身份管理，体现价值的数据是用户身份重要的资产。数据有两个明显的权利要求——所有权和控制权（其他经济学中的权利要求都基于这两个权利），这两个权利是通过不同的建设阶段来完成的。首先是所有权，新产生的数据可以直接归属到 Web 3.0 的用户身份标识下，这一环节仅仅是标识了数据的所有权。因为 Web 3.0 的生态建设还没有完成，前期一般都采用中心化的存储设施，数据的存储和访问等权利受到这些中心化基础设施的限制，中心化的存储系统还在管理数据的控制权。在 Web 3.0 的成熟阶段，去中心化的存储，类似基于 IPFS 协议的存储，才可以把数据的控制权真正交到用户手中，用户才可以管理数据的整个生命周期。

用户在当前区块链系统中产生的链上数据（主要表现为数字货币、NFT、智能合约等内容），就是所有权与控制权都同时获得的案例。因为链上数据都是在去中心化的系统中产生的，只有拥有用户的密码学身份，才可以拥有和控制这些数据。

数据在所有权能够确认，并且上层的应用支持利益分配的情况下，数据的价值可以得到实现。实现数据的价值要依靠接下来所讲的经济模型。

3.5.2　拥有经济模型激励

Web 3.0 应用的基础是区块链技术，它拥有技术能力和经济能力，这两种能力对人们的现实世界有巨大的影响力。尤其是区块链技术中的经济模型，它是区块链技术产生巨大影响力的重要因素。但凡与钱相关或与金融相关的事物都会让人疯狂，也会对社会的发展产生巨大的影响力。

经济的力量，从古至今，国内国外，都有人描述过。如司马迁《史记》中的"天下熙熙，皆为利来；天下攘攘，皆为利往"。马克思在《资本论》中说过："如果有 20% 的利润，资本就会蠢蠢欲动；如果有 50% 的利润，资本就会冒险；如果有 100% 的利润，资本就敢于冒绞首的危险；如果有 300% 的利润，资本就敢于践踏人间一切法律。"民间的俗语"有钱能使鬼推磨"也是对经济力量的描述。经济关系与其力量是社会发展的一个主要动力。

区块链中经济模型的威力主要体现在两个方面：对正向事情的激励作用和对负向事情的惩罚作用。在现实社会中，经济也发挥激励与惩罚这两个重要作用。在 Web 3.0 应用中，经济能力表现在价值再分配能力、经济手段治理能力、价值传输能力等方面。如果一个应用能够结合区块链的技术与经济两种能力，将会产生巨大的影响力。Web 3.0 领域的应用，几乎都使用了这两种能力，所以在十多年的发展中，区块链应用表现出强大的生命力。

Web 3.0 的特征之一是以用户为中心，其中用户对数据的所有权和控制权，加上经济模型的力量，用户就能够变现数据的价值，将数据的所有权和控制权转换为经济利益。经济能力使 Web 3.0 的应用表现出比以往应用更大的吸引力和作用。本书后面章节描述的 DeFi、GameFi、SocialFi、NFTFi、NFT 交易，都是一个应用拥有经济模型激励的突出表现。

3.5.3 自治与共治

从 3.5.1 和 3.5.2 节中，我们看到 Web 3.0 中有了去中心化的身份、对数据的所有权与控制权、经济模型能力。如果再拥有制定规则、运行规则的能力，即自治与共治的能力，Web 3.0 的应用就会更加完整，会促进用户之间基于规则的互动联系，应用也会更加自动化。在第 7 章中有一个 DO 的概念，很好地体现了规则的功能与作用。DO 的描述如下：一般来说，人类组织可以定义为两件事物的组合（一组财产；一组相关协议）。这些组织会根据成员的不同而分成不同的类别，组织内的成员会互动，还可以根据不同的规则使用组织内的财产。

Web 3.0 应用中的自治与共治能力是通过代码形成的规则（Code is Law）来实现的。"代码 + 链内外数据"就形成了自治与共治的基础。自治分为两个层次：简单形式和高级形式。

智能合约是去中心化自治的最简单形式，部署在区块链上的智能合约具有不可篡改性和公开性，这样保证规则的公开与执行的确定性。这些规则能够自动执行，不需要人为的干预。但智能合约的能力比较简单，去中心化自治还需要更多的功能模块。

Web 3.0 中的 DAO 组织是自治与共治的更高级形式，DAO 可以被描述为一个带有资本的组织，其中软件协议为其操作提供基础功能，将自动化置于其中心，将人的参与置于其边缘。DAO 提供了自治与共治的丰富功能，在后面的章节会详细介绍，读者会看到 DAO 拥有的强大能力。如果不限于组织这种应用场景，Web 3.0 的自治与共治的高级形式表现为一组智能合约与相关去中心化用户身份的功能单元。

以上三点——以用户为中心、拥有经济模型激励、自治与共治——是 Web 3.0 的核心特征，以这三点为基础可以构建 Web 3.0 的整个应用生态。理解了 Web 3.0 的核心特征，就能够明白什么是 Web 2.0 不能完成的以及 Web 3.0 能够做什么，继而能够判断 Web 3.0 领域具体应用的发展方向。

第
4
章

Web 3.0 的应用

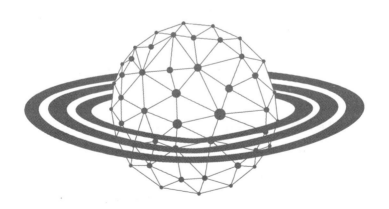

本章介绍 Web 3.0 应用的相关知识，在了解应用之前，首先理解三种代币（Token）：FT、NFT、SFT，它们是 Web 3.0 的基本组成元素。围绕这三种基本元素，配合上基于智能合约形成的规则，针对具体的功能和场景设计，就形成了 Web 3.0 应用。在更广阔的范围，将 Token 理解成 Thing，T 就会是一个个事物，它们是组成元宇宙中的基本元素。

4.1　Web 3.0 世界的基本元素 FT、NFT、SFT

在 Web 3.0 中有三种类型的代币：FT、NFT、SFT，相关的含义和定义说明如下。

1. 同质化代币（Fungible Token，FT）

BTC、ETH 等被大家熟悉并且在交易所中进行交易的数字通证多数是同质化代币。简单来说，同质化物品或代币，就所有意图和目的而言，是可以与同一事物的另一个单位互换的。除了这些独立公有链中的代币，在各种公有链中使用类 ERC20 协议产生的其他代币也是另一类很常见的同质化代币。EIP 中的 ERC20 相关信息如表 4–1 所示。

表 4-1 EIP 中的 ERC20 相关信息

EIP	Title	author	type	category	Status	created
20	Token Standard	Fabian Vogelsteller <fabian@ethereum.org>, Vitalik Buterin <vitalik.buterin@ethereum.org>	Standards Track	ERC	Final	2015/11/19

2. 非同质化代币（Non-Fungible Token，NFT）

与同质化物品不同，非同质化物品或代币彼此之间是不能互换的，它们具有独特的属性，即使看起来相似，但彼此之间有根本的不同。加密猫（CryptoKitties）等收藏品游戏使用的协议标准就是非同质化代币。非同质化代币包含了记录在其智能合约中的识别信息。这些信息使每种代币具有其独特性，因此不能被另一种代币直接取代。NFT 主要是以类 ERC721 协议为原理产生的代币。EIP 中的 ERC721 相关信息如表 4-2 所示。

表 4-2 EIP 中的 ERC721 相关信息

EIP	Title	author	type	category	Status	created
721	Non-Fungible Token Standard	William Entriken (@fulldecent), Dieter Shirley <dete@axiomzen.co>, Jacob Evans <jacob@dekz.net>, Nastassia Sachs <nastassia.sachs@protonmail.com>	Standards Track	ERC	Final	2018/1/24

同质化代币与非同质化代币的图例说明如图 4-1 所示。

（a）同质化代币　　　　　　（b）非同质化代币

图4-1　同质化代币与非同质化代币的图例说明

3. 半同质化代币（Semi-Fungible Token，SFT）

半同质化代币是一种新的代币，这些代币在其生命周期内既可以是可替换的，也可以是不可替换的。在交换时，从可替换的代币到不可替换的代币的转换过程就是半替换代币的概念由来。主要是因为随着区块链应用的发展，ERC20和ERC721不能满足应用的需求，从而产生ERC1155协议，继而产生了半同质化代币。EIP中的ERC1155相关信息如表4-3所示。

表4-3　EIP中的ERC1155相关信息

EIP	Title	author	type	category	Status	created
1155	Multi Token Standard	Witek Radomski \<witek@enjin.io>, Andrew Cooke \<ac0dem0nk3y@gmail.com>, Philippe Castonguay \<pc@horizongames.net>, James Therien \<james@turing-complete.com>, Eric Binet \<eric@enjin.io>, Ronan Sandford \<wighawag@gmail.com>	Standards Track	ERC	Final	2018/6/17

半同质化代币的图例说明如图4-2所示。

图4-2　半同质化代币的图例说明

FT、NFT、SFT 三者之间的对比如表 4-4 所示。

表 4-4　FT、NFT、SFT 三者之间的对比

性质	同质化代币（FT）	非同质化代币（NFT）	半同质化代币（SFT）
可互换性	FT 可与同种 FT 进行互换	NFT 不可以互换	开始可转换，一旦转换完成，就不能再次逆向转换
独特性	所有同种 FT 规格相同，代币价值相同	每个 NFT 独一无二，即使与同种 NFT 也各不相同	开始没有独特性，转换后有独特性
可分性	FT 可划分为更小单元，价值同等即可	NFT 不可分割。基本单元为一个代币，也只存在一个代币	一般都不可分
方便性	易于拆分和交换	每个代币具有独特性，应用场景多种多样，如游戏、知识产权、实体资产、身份证明、金融文书、票务等	特殊场景使用。丰富多种场景需求
支持协议	独立公有链、ERC20，或者其他 xRC20 或 ERC1155	ERC721 或 ERC1155	ERC1155

最初的 NFT 诞生于以太坊，开创了 NFT 与 FT 代币共存的生态。区块链中的代币可分为 NFT 与 FT（同质化代币），且均被广泛使用。以以太坊为例，以太坊的 ERC20（FT）与 ERC721（NFT）代币数量巨大，但在现阶段的应用中均有限制，主要的限制是：ERC20 缺少对于转账事件的反馈，而 ERC721

无法进行规模化交易，而且 ERC20 与 ERC721 之间彼此不兼容。这大幅增加了区块链应用的设计逻辑，于是 ERC1155 作为一种可以转换代币类型出现了。

三种类型的代币（FT、NFT、SFT）是 Web 3.0 的基本组成元素，如图 4-3 所示，因为它们各自有不同的特点，所以就具有不同的应用场景，由这三种代币以及相关的智能合约和应用逻辑，组成了 Web 3.0 世界丰富多彩的应用。

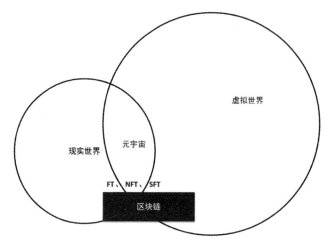

图 4-3　Token 与 Thing 是组成 Web 3.0 与元宇宙的基本元素

FT、NFT、SFT，如果把 T 代表的 Token 换成 Thing，就可以代表现实世界中的事物，这三种类型的事物是组成现实世界的事物的一种分类方式，我们的现实世界的事物都可以划分成这三种类型。在虚拟世界也可以这样划分，应该比 Token 的意义范围更大。随着发展，现实世界中的 FT、NFT、SFT 就可以和虚拟世界中的这三类事物建立起映射关系，于是就有了可以穿越在现实世界和虚拟世界中的物品。

所以 FT 代表的数字货币已经被用于购买（或交换）现实世界中的物品；NFT 被率先运用于收藏、艺术品和游戏场景，今后会更多地用在具有独特性的物品。

SFT 的应用和概念还不够普及，但今后会逐渐普及起来，在数量众多的时候，SFT 会更多被看作 FT，在数量较少的时候，它们之间的不同属性会较为突出，于是更多地显现 NFT 的属性。

随着元宇宙的发展，组成元宇宙的物品都会被表示成 FT、NFT、SFT，这里的 T 将会从 Token 的意义扩大到 Thing。

4.2　Web 3.0 的应用分类

Web 3.0 的产品有哪些？我们从以下三个维度来考查 Web 3.0 的产品：第一个维度为是否原生，这个维度能够很好地区分 Web 3.0 领域的特有应用和可以从 Web 2.0 领域迁徙的应用；第二个维度是从调查机构对当前 Web 3.0 产品的收入维度所做的统计信息，这个维度的产品是当前已经流行的 Web 3.0 应用；第三个维度是从人们对互联网应用的分类维度，这个维度能够从全部应用的角度，看到哪些应用已经发展到了 Web 3.0，哪些应用可以发展为 Web 3.0 应用。

1. Web 3.0 的原生应用与非原生应用

（1）Web 3.0 的原生应用是指来自区块链领域的 Web 3.0 产品。这些应用是完全基于区块链技术的应用，它们体现在基础公有链、数字货币与 NFT 应用、DeFi 应用、原生区块链协议与原生 DApp、DAO 等方面，在 Web 2.0 时代没有这些应用。例如，数字钱包、去中心化交易所 Dex、ICO、加密猫、DAO 思想产生的新产品、OpenSea 交易市场等应用。

（2）Web 3.0 的非原生应用是指从 Web 2.0 向 Web 3.0 迁徙的产品。这些应用在 Web 1.0 和 Web 2.0 时代就已经存在，通过区块链技术可以改造这些应用，这样很符合 Web 3.0 技术栈的设计愿景，用户使用产品的习惯改变不大，后台支撑技术向区块链设计变化。这些应用或者部分使用区块链技术，例如，使用 NFT 的道具，在传统游戏中使用通证激励机制，在认证环节使用钱包认证……或者一些应用的主要逻辑都是基于区块链技术。例如，Web 3 版本里的微博，Web 3 的 Kindle、Web 3 的邮箱……数量非常多，可以是社交、音乐、写作、金融……理论上几乎一切 Web 2.0 的产品都可以迁徙到 Web 3.0 的模式。这是拥有 Web 2.0 时代行业经验人员的一次知识技能的更新与迭代，同时也会产生更多的创新机会。

因为新事物发展需要一个过程，当前的最大应用是围绕数字货币的金融应用和容易上手的区块链游戏，今后随着技术的成熟与生态的发展，还会更多地向学习、工作领域的应用渗透。

2. 从收入报告看当前的 Web 3.0 应用

我们参考《*Token Terminal, curated by FutureMoney Research 2022 Q2*》报告，报告中的收入分类比较好地代表了当前 Web 3.0 的核心产品构成，如图 4-4 所示。

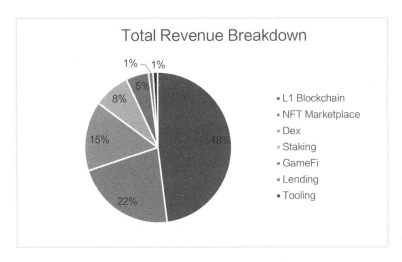

图 4-4　参考的分析报告中的收入分类和比例

（1）L1（区块链中的基础主链）的收入占比为 48%，接近总收入的一半，其商业模式可以理解为"出售区块空间"。

（2）NFT 交易平台收入占比为 22%，其商业模式可以理解为版税抽佣或营销活动变现。

（3）DeFi 中的 Dex 收入占比为 15%，其商业模式是交易手续费和流动性做市收入。

（4）DeFi 中的 Staking 类收入占比为 8%，其商业模式是资产管理的提成或利差。

（5）GameFi 占比是 5%，其商业模式是版税抽佣、转账手续费、销售 NFT 等。

（6）DeFi 中的 Lending 收入占比约为 1%，其商业模式是利差。

（7）Tooling 的收入占比约为 1%，其商业模式是服务费，未来还会包含流量变现费用。

其他与 Web 3.0 相关的产业，不是 Web 3.0 的应用，不算 Web 3.0 的核心产业，不予记入，如 Web 3.0 的媒体、研究组织、培训组织等。

从收入结构上看，区块链的收入占比接近一半，说明区块链的基础设施一层还没有完成，还在成长中。基础设施中区块链的二层扩展技术收入会逐渐增加。在区块链的金融应用中，NFT 与 DeFi 的应用占据主要的份额，说明区块链技术上的直接应用也在进入成长期，当前的 NFT 应用只局限在金融属性层面，对于未来的版权等扩展应用还没有到来。GameFi 的收入虽然占比还不多（只有 5%），但随着区块链技术的成熟，成长会更加迅速。其他应用（包括工具类型应用）占比很小，说明这些领域还没有被区块链技术撼动，但看到了一些萌芽型的应用。

3. 互联网应用的分类

我们以第 48 次《中国互联网络发展状况统计报告》中的应用统计为例，可以看到 Web 2.0 中的应用已经非常丰富，并且拥有巨大的用户群体。这些应用包括即时通信、网络视频、短视频、网络支付、网络购物、搜索引擎、网络新闻、网络音乐、网络直播、网络游戏、网上外卖、网络文学、网约车、在线办公、在线旅行预定、在线教育、在线医疗……几乎覆盖了人们生活的全部领域。除了这些消费互联网的内容，在产业互联网中也有很多的应用，如表 4–5 所示。

表4-5 2020.12-2021.6 各类互联网应用用户规模和网民使用率

互联网应用类型	2020.12		2021.6	
	用户规模（万）	网民使用率	用户规模（万）	网民使用率
即时通信	98 111	99.20%	98 330	97.30%
网络视频（含短视频）	92 677	93.70%	94 384	93.40%
短视频	87 335	88.30%	88 775	87.80%
网络支付	85 434	86.40%	87 221	86.30%
网络购物	78 241	79.10%	81 206	80.30%
搜索引擎	76 977	77.80%	79 544	78.70%
网络新闻	74 274	75.10%	75 987	75.20%
网络音乐	65 825	66.60%	68 098	67.40%
网络直播	61 685	62.40%	63 769	63.10%
网络游戏	51 793	52.40%	50 925	50.40%
网上外卖	41 883	42.30%	46 859	46.40%
网络文学	46 013	46.50%	46 127	45.60%
网约车	36 528	36.90%	39 651	39.20%
在线办公	34 560	34.90%	38 065	37.70%
在线旅行预定	34 244	34.60%	36 655	36.30%
在线教育	34 171	34.60%	32 493	32.10%
在线医疗	21 480	21.70%	23 933	23.70%
互联网理财	16 988	17.20%	16 623	16.40%

我们可以看到这些传统领域，有些还没有被 Web 3.0 的思想触及，有些刚刚被触及很小一部分，但几乎没有看到完全进入 Web 3.0 的行业领域。如果从这个角度看，很多意见领袖说 "Web 3.0 还远远没有到来，并且只是一个开始，当前只是 Web 2.5 时代"就显得与应用的发展非常贴切了。

从传统互联网的应用分类来看，Web 3.0 的想象空间还非常大，整个转变过程也是任重道远。对于想进入 Web 3.0 领域的人员或企业不用急躁，也不用担心错过机会，只要从自己所在行业理解 Web 3.0，并改造和迎接自己行业这个时代的到来即可。

4.3　当前 Web 2.0 迁徙到 Web 3.0 的应用

1. Web 2.0 的产品为什么要迁徙到 Web 3.0

一个说明性的案例是 2000 年 Wikipedia（维基百科）与其中心化竞争对手（如 Encarta）之间的竞争。如果大家在 21 世纪初期比较这两种产品，Encarta 是一款更好的产品，具有更好的主题覆盖率和更高的准确性。但维基百科的改进速度要快得多，因为它有一个活跃的志愿者贡献者社区，他们被其分散的、由社区管理的精神所吸引。到 2005 年，维基百科是互联网上最受欢迎的参考网站。而 Encarta 于 2009 年关闭。

当我们比较中心化和去中心化的系统时，需要动态地观察它们的发展。中心化系统通常一开始是完全成熟的，但只有在中心化公司的员工不断完善下才会变得更好。去中心化系统一开始看起来是不够成熟的，但在适当的条件下，随着它们不断吸引新的贡献者，它们会呈指数级增长。

通过前面章节的内容，我们还了解到 Web 3.0 的优势和它的核心特征。Web 3.0 的应用不仅具有更强的能力（技术能力与经济能力），数据所有权的归属还改变了生产关系（生产资料归谁所有），基于 Web 3.0 开发的应用具有强大的生命力。这些原因促进了 Web 2.0 领域的应用向 Web 3.0 领域迁徙。

2. 从 Web 2.0 迁徙到 Web 3.0 的一些典型应用

从前面章节中，我们可以看到 Web 2.0 时代的应用已经非常丰富，这些应用包括即时通信、网络视频、短视频、网络支付、网络购物、网络新闻、网络音乐、网络直播、网络游戏……这些领域已经有一些 Web 3.0 领域的探索者。

（1）内容发布平台 Mirror。Web 3.0 领域的内容发布平台 Mirror（Mirror.xyz）是一个基于区块链的应用，类似于现在的公众号或头条号，为内容创作者提供底层的生态支持，也是一个去中心化的内容发布平台，如图 4-5 所示。在使用上，我们感觉不到与 Web 2.0 时代的内容发布平台有太多的不同，但 Mirror 的后台原理和内部的经济模型激励是不同的。用户的登录也变成了连接钱包来确认用户身份。在功能上，Mirror 为创作者提供了 6 个基础能力工具，包括发布文章（Entries）、众筹（Crowdfunds）、数字藏品（Editions）、拍卖（Auctions）、合作贡献分流（Splits）、社区投票（TokenRace）。这些能力在 Web 2.0 时代是不曾拥有或不能很好运行的，但在 Web 3.0 中，同领域的应用可以给用户提供更多的功能。

（2）国内创业者的产品（去中心化的笔记产品）MetaNotey（metanotey.io）。这款产品有点像 Web 3 版本里的微博，又有点像 Web 3 版本里的腾讯文档。创始人郑小岳试图将微博或者腾讯文档等互联网产品"搬"到 Web 3 上，使其更去中心化。"对于大部分互联网用户而言，Web 3 理解和使用的门槛太高了，我们希望成为互联网用户 Web2 与 Web 3 之间的桥梁，成为聚合 NFT 内容和用户订阅交流的社区平台。"郑小岳说。

图 4-5　Mirror 的功能与登录都更多地体现了 Web 3.0 的特性

从这个应用的功能上，我们看到它既兼容 Web 2.0 的登录方式（苹果等平台账号），又兼容钱包的登录方式，如图 4-6 所示。

这种在部分功能上兼容 Web 2.0 与 Web 3.0 两种模式的应用，是 Web 3.0 发展的一种阶段需要，也许是一种对原有习惯的延续与妥协，也是 Web 3.0 应用中提出的逐渐去中心化思想的体现。

图4-6　在MetaNotey上看到的Web 2.0与Web 3.0的兼容模式

（3）更多的尝试。STEPN（Web 3 版本的 Keep）、Metamask（Web 3 版本的支付宝）、Braintrust（Web 3 版本的 BOSS 直聘）……上千款互联网产品已经被创业者们搬上了 Web 3。可以预见的是，未来还将更多。在 4.6 节中，我们可以看到更多的迁徙应用。

3. Web 2.0 到 Web 3.0 迁徙的人员因素

Web 3.0 领域不但吸引着年轻人的探索，也吸引着一批有经验和能力的互联网行业老人的加入。当前互联网公司的人员都比较年轻化，各大互联网公司的主力人员很多都是 90 后、95 后，35 岁以上的人员都会面临中年危机。

相对于年轻人，目前 IT 行业的中年人，Web 3.0 是一次很好的价值升级机会。中年人被淘汰很重要的一个原因是 IT 行业技术的生命期一般都比较短，5~10 年也许技术就会更新换代一次，但业务的生命期一般都比较长，几十年不变或相似的业务场景是很常见的。基于这样的原因，IT 行业中年人的原有业务知识继续有用，而且会获得新技术赋予的能量。从 Web 3.0 技术栈的愿景和应用技术架构，可以看到与用户交互的前端变化并不大，这样原有人员在特定领域的行业经验就依然有效，并且这一点是年轻人所不具备的，会形成竞争中的比较优势。尤其对于那些拥有厚重业务场景的应用，有经验的中年人更具有优势。其他行业的中年人也可以了解区块链行业会迎来的机会，相对于 IT 行业，其他行业的机会来临会稍晚一些。对于中年人进入 Web 3.0 领域，拥有业务经验是部分优势，难点在于培养去中心化思想。

4.4　区块链游戏与 GameFi

通过前面 Web 3.0 的产品收入分析，我们看到 GameFi 占比是 5%，当前比例虽然还不高，但这个领域的发展潜力巨大。游戏是 Web 2.0 时代一个重要的产品领域，有众多的用户和很高的产值。Web 3.0 时代的区块链游戏具有很多以往不曾有的优势和特点，会给游戏行业带来巨大的变化。它既是一种游戏，也是一种经济活动。

1. 区块链游戏

从原始社会开始，游戏与娱乐一直是人类活动中的重要活动。到了近代，有了电子设备后，现实中的很多游戏场景从线下转到了线上。电子游戏伴随着硬件和软件的发展越来越精彩，想象空间越来越大，情节也完全可以超越现实，这使游戏对很多人都具有强大的吸引力。有了区块链技术之后，将这项技术融入游戏的设计与实现环节，使区块链游戏与以往游戏有较大的不同，改进了传统游戏中的问题，推动了 GameFi 的发展。

传统游戏中的典型问题有以下几点。

（1）资产的所有权问题。传统游戏中用户的账号和道具信息全部属于游戏平台，平台方可以任意地控制、修改或转移这些资产。用户在传统游戏中不是真正的拥有者。以太坊创始人 Vitalik 在介绍中，讲述了自己在 13~16 岁整整 3 年里特别沉迷于电玩游戏《魔兽世界》，直到某天，他最爱的游戏角色遭游戏开发商取消后，给了他很大的触动，使他思考资产所有权的问题，这次事件让 Vitalik 的人生有了很大转变。

（2）游戏内的资产交易问题。传统游戏的交易一般只局限在一个系统中，里面的道具、积分不具有通用性。玩家可以用法定货币购买游戏中的道具和积分，但这些资产仅在游戏的生态系统内具有价值，玩家无法在相关游戏市场之外的任何其他平台上交易其游戏内资产。

（3）游戏价值问题。传统游戏一般不涉及现实经济，是一种纯娱乐的活动。即使有部分可以售卖的道具、游戏账号，这些行为的经济价值也都有限，并且只能在一个较小的范围内进行。

针对以上传统游戏中的主要问题，区块链游戏都可以很好地解决。

对于资产的所有权问题：因为区块链技术的支持，用户的账号不是中心化系统产生的，而是由密码学算法产生的，账号信息完全属于用户个人所有，任何人不能剥夺。游戏中的资产，在 FT、NFT 技术的发展支持下表现为同质化代币和非同质化代币，这些资产只有用户拥有控制权。在区块链游戏中，更能体现以用户为中心的思想。

对于游戏内的资产交易问题：因为区块链游戏中的物品基于公有链，而不是属于某个游戏内部，这样就可以在其他公开市场进行交易，如 OpenSea 上面的 ENS 域名交易、NFT 头像交易等。此外，游戏资产的交易也不像以前那样还需要进行一次法币的兑换，而是直接通过交易就可以获得有价值的数字货币。

对于游戏价值问题：区块链游戏突破了原来游戏的价值边界和价值限制，在加密猫中产生的各种猫直接可以兑现为数字货币，元宇宙中的土地也可以直接兑现为数字货币，各种"X to Earn"使游戏与工作的界限变得模糊。

此外，区块链游戏中的公开与透明、经济模型的激励作用、资产的可编程性，也使区块链游戏具有传统游戏不具有的优势。有了这些优势，那些对于区块链游戏的批评声音就都没有那么重要了。例如，区块链基础设施不完善、性能太差、游戏简单、通证设计不合理……这些不是本质问题，而是成熟度问题，这些问题都会在成长中逐渐改善。

区块链技术中各种 xFT 技术和元宇宙技术的发展，使区块链游戏有了更好的发展基础和方向。基于区块链的游戏场景正随着 NFT（非同质化代币）和游戏内货币 FT 的崛起迅速扩大。元宇宙概念的火热使虚拟世界的游戏的影响力超越传统游戏，在现实和虚拟之间给参与者全新的感受，甚至让用户不能区分场景是现实还是虚拟。在虚拟世界游戏中，如 Decentraland 和 The Sandbox 已经产生了近数亿美元的累计销售额，这些虚拟资产是以 NFT 为表现形式的虚拟土地和游戏内资产，如图 4-7 所示。

图 4-7 当前排名前十的区块链游戏（数据来源 coingecko）

2. GameFi（Game Finance）

GameFi 是区块链中 DeFi 和 Play-to-Earn（P2E，边玩边赚）区块链游戏的交集。一种说法是游戏金融化，另一种说法是金融游戏化。GameFi"边玩边赚"游戏的最大潜力在于它们有可能将数字资产的创建、所有权和交换市场融入游戏，并且通过区块链游戏的价值，将用户的游戏时间、精力和收入转化为现实世界的可支配收入。

区块链游戏的发展与 GameFi 的发展会推动未来游戏超越现有游戏的内在本质——娱乐，随着 Web 3.0 和元宇宙的发展，现实与虚拟之间的边界会变得模糊，游戏、生活、工作之间的界限会更加融合，以致最终无法区分或无须区分。

当前排名前十的 GameFi 项目如图 4-8 所示。

图 4-8 当前排名前十的 GameFi 项目（数据来源 coingecko）

Messari 分析报告中的 GameFi 生态如图 4-9 所示。

图 4-9 Messari 分析报告中的 GameFi 生态

GameFi 的繁荣还有一个重要的原因是基础设施的完善。下面这些项目和服务商是推进 GameFi 基础设施的领导者。

（1）Axie Infinity：Axie Infinity 仍然是 P2E 和 GameFi 的领导者。该公司最近部署了 Ronin 侧链以降低交易成本。Axie 的 Katana DEX 在推出一周内就突破了 $1.18B 的流动性，并且已经有超过 175 000 名用户与 DEX 进行了互动。Axie 的创收仅次于以太坊，它支持数百万的活跃用户群。

（2）Polygon：Polygon 利用以太坊的安全性和网络效应以及 zkRollups 的显著效率提升来支持多个区块链游戏。它们已经为游戏和 NFT 项目拨款 1 亿美元。

（3）Flow：Dapper Labs（NBA Top Shots 和 CryptoKitties 的创始人）的 Flow 旨在为母公司提供保持领先区块链游戏工作室所需的可扩展性。

（4）Immutable：Immutable X（$IMX）是 NFT 和区块链游戏领域资金充足的基础设施领导者。它们对第二层技术的大量研发应该会为它们保护伞下的元宇宙地区带来可观的意外收获。此外，Immutable 正在为 TikTok 的 NFT 提供支持。

（5）GalaGames：GalaGames 旨在通过独特的 ERC1155 架构建立一个区块链游戏厅和去中心化的 Steam 竞争对手。

（6）RedFOX Labs：位于东南亚的元宇宙公司 RedFOX Labs ($RFOX) 正在开发 RFOX VALT——"一个专注于购物、零售和娱乐体验的虚拟世界"。一部分 VALT 交易流向 $VFOX 持有者（可在 RFOX.Finance DEX 中质押），RFOX 可在多个链上使用。通过 RFOX Games，该公司旨在成为 P2E 和区块链游戏的领导者。它们的合作伙伴包括 CoinGecko。

在对 RedFOX Labs 首席执行官兼创始人 Ben Fairbank 进行采访时，Ben 肯定了一个大多数人都没有意识到的庞大行业：网红电子商务流媒体，东南亚已经是一个庞大的行业。Ben 认为元宇宙的一个强大模型是利用现有的观众来主宰那个利基市场。在那里获得吸引力的最快方法是收购一家媒体公司，这就是该公司所做的。通过这种方式，RedFOX Labs 将自己与大多数元宇宙公司区分开来，这些公司在自由职业影响者的狂野西部中独自行动。Ben 还建议与 Polygon 合作以降低费用、DeFi 质押计划和 DAO 都在路线图上。

（7）Enjin：Enjin（$ENJ）是一个基于以太坊的 PaaS（平台即服务）和区块链游戏巨头。Enjin 支持超过 300 000 个游戏社区和 1 900 万注册游戏玩家。

合作伙伴包括 Unity、PC Gamer、NRG eSports、Efinity（一个 Polkadot 平行链，支持跨链兼容 NFT，减少网络拥塞）和微软（是的，GameFi 已经存在于 Minecraft 中）。

（8）Solana：Solana（$SOL）正在构建名为 Metaplex 的 NFT 基础设施，用户可以在其中启动店面并发行带有自定义版税的 NFT 收藏。它们最近与 Lightspeed Ventures 和 FTX 合作，为一家 Web 3.0 游戏工作室提供资金（1 亿美元的融资交易）。

（9）The Sandbox：The Sandbox（$SAND 和 $LAND）是一个虚拟的 #gaming 世界，玩家可以在其中建立、拥有和货币化他们的游戏体验。

The Sandbox 将游戏资产作为以太坊上的 NFT，同时用户可以将它们出租或通过 P2P 体验获利的地块使用 Sandbox Gamemaker 构建。

The Sandbox 中的土地和资产是可以在其市场上买卖的 NFT，以 SAND 定价。SAND 是以太坊上的 ERC20 和一种游戏内货币，用户可以通过抵押获得额外奖励。The Sandbox 有两个代币（SAND 和 LAND），它们都赋予持有者治理权。Sandbox 从一个 2D 手机游戏变成了一个建立在以太坊上的虚拟世界，拥有超过 4 000 万用户和超过 14 500 名虚拟土地所有者。史努比狗甚至在那里建造了一座豪宅并举办了一场派对。

阿迪达斯最近与 The Sandbox 和 Coinbase 合作，这表明我们可能会在未来几个月看到零售业对元宇宙的兴趣更大。像软银这样的集团支持 The Sandbox，它们通过出售土地筹集了大量资金。The Sandbox 中的一些地块归 Binance、Gemini、CoinMarketCap 和 Atari 等公司所有。然而，元宇宙的领导者由于依赖 AWS 服务器而引发了中心化问题。相比之下，Decentraland 缺乏中心化。经过四年的宣传和准备，也才刚刚推出了虚拟世界。

（10）游戏公会：DAO 和其他团体正在组建"公会"来汇集资源以充分利用 GameFi，无论 P2E、Staking 和 DeFi 策略、NFT、管理新游戏的启动板，还是投资其他公会。这些公会共同努力在元宇宙中解锁 alpha，同时也为最能与它们产生共鸣的社区作出贡献，为每个人增加蛋糕。公会的主要价值创造者是让原本会被排除在市场之外的玩家参与进来。公会通过购买游戏赚取游戏资产并将其借给玩家，以换取他们的游戏奖励份额来实现这一目标。

例如，在流行的元宇宙游戏 Axie Infinity 中，用户必须至少获得三个 Axies 才能参与游戏的 P2E 元素。由于 Axies 非常昂贵，因此许多人几乎没有机会参与。游戏公会可以将 Axies 借给其他玩家，而这些玩家又可以赚取足够的钱来购买自己的 Axies。通过将参与 P2E 所需的资产借给"学者"以换取他们一定比例的收入，公会有可能产生可观的收入，同时还可以资助全球数千人参与并在多个虚拟经济体中赚钱。

公会已经为提高菲律宾数以千计经济弱势人群的生活水平作出了贡献。随着公会规模的扩大，他们还通过获取各种游戏内资产（如 NFT 和游戏代币）、投资其他公会和游戏种子投资来产生收益。不难想象，这些公会还会推进区块链游戏以外的 DeFi 策略，如其他区块链协议的质押或流动质押资产、NFT 分流以及发布自己的代币。自然地，代币化为质押和各种 DeFi 策略打开了大门。

4.5　区块链社交与 SocialFi

Web 1.0 和 Web 2.0 时代，社交应用形成了很多巨型公司和巨型应用，如 Facebook、Twitter、Instagram、Youtube 等众多社交应用崛起的公司，国内的微信、微博也是典型的代表。2021 年 CNNIC 第 48 次《中国互联网络发展状况统计报告》显示，占据首位的也是社交类应用。虽然，社交领域在 Web 3.0 时代还没有特别著名的应用，但未来有很大的潜力。2022 年年初，CZ（币安公司首席执行官赵长鹏的网络名称）曾发推说，

GameFi 和 SocialFi 将成为当年驱动加密市场前行的巨大动力。

创作者经济的概念基石是"1 000 名忠实粉丝"的理念，最早由《连线》创始编辑凯文·凯利（Kevin Kelly）撰写。在他的原文中，凯利认为 1 000 名真正的粉丝是创作者谋生所需要的基本要求。例如，如果一个人有 1 000 名真正的粉丝，每年购买价值 100 美元的商品、门票、艺术品等，那么这个人作为创作者将获得六位数的收入。这意味着艺术家和创作者可以通过服务热情的小众社区而不是寻求找到最大的观众，来创造可持续的收入。

1. 传统社交应用与区块链社交应用

社交活动在人类的发展中占据重要的位置，是人类社会生活中的一个重要组成部分。社交活动不管在线下还是在线上，都深刻地影响着我们的日常生活。尤其是网络的出现和发展对人类的日常社会生活产生了巨大的影响。从 Web 1.0 时代的 MSN、QQ、Yahoo Messager，到 Web 2.0 时代的微信、微博、Twitter、Facebook……将我们的社交活动跨越了时空限制，为我们的生活提供了更多的便利。传统社交应用在快速发展和大量普及的情况下，也表现出一些问题。从网络上个人隐私信息的泄露，到 Facebook 的"剑桥分析丑闻"事件，甚至一些应用非法收集个人数据的事情，几乎是层出不穷，以至于多个国家出台数据安全相关法案，但这些事后补救和严刑峻法并不能完全解决问题，因为当前的社交应用在实现原理方面存在弊端。

传统社交应用的主要问题有以下几点：

（1）数据权利归属问题。在传统社交平台中，用户的账号权限和社交数据均保存在运营商的服务器上，数据归平台方，个人用户对这些数据权限非常有限，归根结底，中心化的平台对数据拥有完全的控制权。

（2）利益分配问题。在传统社交平台的算法机制下，用户与平台之间在流量变现上的利益分配存在不均衡的情况，不仅用户的贡献被忽视，并且用户经常被营销。

（3）隐私安全问题。传统社交中所有账号的注册均需要用户真实身份信息，运营商后台存储的信息极容易泄露，网络上出售的各种用户信息和个人隐私数据，都来自中心化应用的数据泄露。

Web 3.0 时代的社交应用将得到明显改善。因为基于区块链技术，所以传统社交应用中的问题，在区块链社交应用中能得到比较好的解决，甚至是根除传统社交应用的弊端。

对于数据权利归属问题：区块链社交的账号体系和应用设计，能够依靠区块链中的去中心化技术得到保障，数据的权利也会归属到个人，社交应用更多的是完成不同个体间的直接互动，而不再被中心化机构控制数据。不仅能够解决个人数据权利归属问题，对于群组等组织机构也可以通过 DAO 方式解决数据权利归属问题。

对于利益分配问题：利益分配问题会在用户的数据权利归属可以明确的情况下得到相应的解决，同时因为区块链中经济模型的存在，可以使用激励措施鼓励社交应用中的正向行为，使用惩罚措施抑制有害行为。

对于隐私安全问题：传统社交应用中的隐私安全问题，因为数据权限的重新分配，会得到较好的解决，并且区块链中的非对称加密技术、隐私技术（如零知识证明、安全多方计算等技术）还可以在不泄露信息的情况下，完成一些常见功能。

区块链中其他技术能力与经济能力，可以为社交应用提供更多的特性。例如，区块链技术中的 DAO 组织能力，不仅能够提供传统的组织形式，而且可以使社交活动具有明确的代码规则。Web 3.0 的基本元素 FT、NFT、SFT，可以将现实世界和网络世界的事物做一一映射，能够更好地进行线上线下的关联与互动。元宇宙提供的虚实结合能力，还能够构建更多的虚拟和现实之间的联系与互动，扩大社交的感受与影响范围。

2. SocialFi（Social ＋ Finance）

SocialFi 是指社交化金融。通常认为是 Social+Finance，即社交与金融在区块链上的有机结合。不少文章将 SocialFi 总结为 Social+DeFi，是因为当前 DeFi 是区块链领域流行的金融应用，根据以太坊白皮书中的描述，金融应用的范围比 DeFi 的概念大，包含的种类更多。

SocialFi 有去中心化、开放性和价值再分配的特征，其本质上是以个人用户为中心，为独立个体构建了一个集成经济系统的社交平台，将个人的价值市场化，消除中间环节，让各方参与者在享受传统社交活动的同时，也享受关联的经济利益。

SocialFi 要解决的是两种垄断：一种是传统社交平台巨头对于内容的垄断，将内容的控制权归还给创作者，创作者可以决定在哪些平台发布和展示；另一种是打破传统社交平台对收益的垄断，通过区块链的经济模型和 DAO 等区块链能力，进行价值分配与再分配。

当前实现的 SocialFi 应用都内置经济模型的设计，被称为社交代币。现有的社交代币分布涉及个人融资、私人社区、粉丝经济、平台订阅、体育娱乐、个人基金、社区品牌等内容。知名研究机构 Messari 的一份报告将社交代币分为三类：个人代币、社区代币、社交平台代币，如图 4-10 和表 4-6 所示。此外，还包含社交不发行代币，使用第三方代币的情况，因此 SocialFi 应用的经济模型设计主要分为四类：个人代币、社区代币、社交平台代币、第三方项目代币。

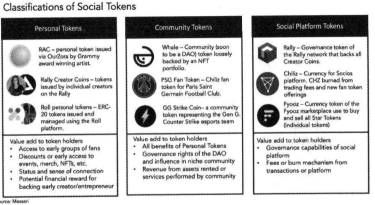

图 4-10　Messari 报告中对社交代币的分类和说明

表 4-6　SocialFi 应用的经济模型设计分类

代币的分类	说明	代币持有者能获得的价值
个人代币	● RAC——格莱美获奖艺术家 OurZora 发行的个人代币 ● Rally 创作者代币——个人创作者 在 Rally 发行的代币 ● Roll 个人代币——使用 Roll 平台发 行管理的 ERC20 代币	● 进入早期粉丝群组 ● 折扣或优先参加活动、商 品、NFT 等 ● 社区身份 ● 支持早期创作者 / 创业者 的潜在金融回报

代币的分类	说明	代币持有者能获得的价值
社区代币	● Whale——由 NFT 组合支持的社区（很快会变为 DAO） ● PSG 粉丝代币——巴黎圣日尔曼足球队在 Chiliz Fan 发行的代币 ● GG 反恐游戏代币——代表 GEN G. 反恐电竞团队的社区代币	● 所有个人代币权益 ● DAO 治理权力，影响利基社区 ● 出租资产或社区提供的服务收益
社交平台代币	● Rally——支持所有创作者代币的 Rally 网络治理代币 ● Chiliz——Socios 平台代币。获得交易费和新粉丝代币发行来燃烧 CHZ ● Fyooz——Fyooz 市场的代币，用以买卖所有明星个人代币	● 社交平台的治理能力 ● 交易或平台的手续费或燃烧机制

Messari 报告中对社交代币范围的说明如图 4-11 所示。

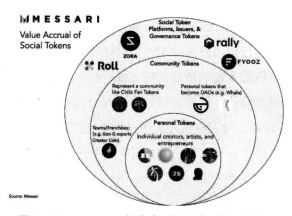

图 4-11　Messari 报告中对社交代币范围的说明

1）个人代币

个人代币是以个人名义发行的社交代币。一般可以作为实现个人融资、影响力变现、私人社区、粉丝经济的工具。例如，创作者可以使用代币对早期粉丝进行奖励、设置分层级的活动和商品折扣或门槛，也可以把代币作为对合作者和支持者的潜在经济回报，令粉丝可以分享创作者成长带来的收益。代表项目有 RAC、Rally、Roll。

（1）RAC：由格莱美奖获得者 DJ RAC (André Allen Anjos) 基于以太坊推出的粉丝代币。

（2）Rally（Creator Token）：Rally 本身是一种社交平台代币，但个人可以在 Rally 平台上发行自己的代币。

（3）Roll（Creator Token）：Roll 是老牌社交代币发行平台之一。该平台可代表用户创建 ERC20 代币，即为内容创作者发行个人社交代币。

2）社区代币

社区代币是以社区名义发行的社交代币。通常用于会员和社区，通过发行代币鼓励每个人为社区作出贡献。除了能够实现个人代币所能实现的所有功能之外，社区代币还有与社区活动相关的更多价值。例如，用户可以通过持有社区代币参与社区或 DAO 治理，也可以从社区通过租赁资产或者提供服务产生的收益中获得利益分成等。代表项目有 Mirror.xyz、Friends With Benefits（FWB）和 Cent。

（1）Mirror.xyz：Mirror.xyz 从内容金融化的角度切入，提供了让每篇文章具有"NFT+ 治理"属性的平台，这些内容可以被投资、交易和治理。例如，"文章 NFT"的每次交易会与投资者的分红挂钩。

（2）FWB：FWB 是一个基于 Discord 私人服务器的私人社交平台，聚集了一批加密领域的创作者与思想者。参与者需要持有一定量的原生代币 $FWB 才能加入这个社交圈。

（3）Cent：Cent 是一个将名人的推特制作成 NFT，然后进行拍卖交易的名人社交平台。在交易中，95% 收入归原推文创作者所有，5% 归平台；在二次销售中，87.5% 归卖家，10% 归创作者，2.5% 归平台。

3）社交平台代币

社交平台代币是由社交平台发行的代币。同社区代币类似，社交平台代币通常用于平台会员和平台生态，鼓励会员积极参与平台建设和为平台作贡献，作为一种工具，为平台提高价值。传统社交平台也进行过发行代币的尝试，如 Facebook 和 Twitter，但因监管或平台用户抵制而搁置。社交平台代币的代表项目有 Chilliz、Zora、Fyooz。

（1）Chilliz：Chilliz 是典型的"粉丝经济"下的社交代币，主打体育产业。CHZ 是体育粉丝激励平台 Socios 的原生代币。Socios 目前与包括 AC 米兰、曼城、阿森纳、巴塞罗那、巴黎圣日耳曼和尤文图斯等 48 个俱乐部或伙伴合作发行粉丝代币。持有粉丝代币可拥有社区投票权、决策权等权益。

（2）Zora：Zora 将其协议定义为"媒体所有权的通用市场协议"。在该平台上，艺术、文章或音乐创作者都可以发行自己的代币。目前 Zora 制造了社交媒体客户端，平台属性更加偏向 NFT 铸造。

（3）Fyooz：Fyooz 是一个社交代币发行平台，协助有一定影响力的人发行个人代币，该平台称为"明星代币"。Fyooz 主要合作对象是音乐家、歌手、运动员或有影响力的人。持有

Fyooz 的大多可获取一些"粉丝特权",如独特享有的参与活动、聚会、折扣的机会等。

4)第三方中间件和工具

除了以上三种代币之外,还有一些为 SocialFi 服务的第三方中间件和工具,这些工具一般与其他生态的区块链项目所用工具有所交叉。代表项目有 Mask Network、Snapshot 和 Kickback。

(1)Mask Network:Mask Network 是以插件的方式桥接 Web 2.0 与 Web 3.0,能够让普通用户在不改变当前主流社交平台使用习惯的情况下,进一步接触加密资产。

(2)Snapshot:Snapshot 是一种基于 IPFS 去中心化存储系统的投票工具,使用"链下"签名技术来降低投票费用,被许多加密项目用于对其用户群进行投票。

(3)Kickback:Kickback 是一个社区货币的活动管理平台,用户质押社区货币可获得活动参与权。

我们可以看到,SocialFi 已初步构建了一个通过内容分发实现的逻辑自洽的价值捕获机制,不同参与者都可以从这个生态中彰显自己的价值,将社交资本变现,获得收益。而且,在平台影响力扩大的同时,都能获得代币升值带来的收益。SocialFi 还能衍生出更多的玩法,值得期待,同时也面临一些挑战。

此外,DAO 的出现对于 SocialFi 起到了很大的作用,相关内容在第 7 章中讲解。

3. SocialFi 面临的挑战和成长中的问题

(1)基础设施的不完善。目前主流公有链性能都不够理想,网络拥堵,交易费高昂,区块链存储等应用也在实验阶段,还没有形成成熟的应用。区块链社交应用所需要的区块链设施还不够完善，不足以支撑当前类似微信、Facebook 等超大应用的大规模使用。

（2）产品的成熟度与运营成长过程。从 SocialFi 的投资者关注度、户群数量可以看到当前的 SocialFi 产品都处于萌芽阶段，BBS network、Showme、Mirror.xyz 等项目有些初步的热度，这些 SocialFi 的产品初具形态，功能还需要完善。投资领域 a16z、币安、红杉资本等代表机构，投资了 DeSo、Torum、Mirror、BBSnetwork 等应用。这些应用的发展处于早期，在使用功能和内容建设方面还有很长的路要走。

此外，SocialFi 经济模型等设计还需要检验与完善细节场景。当前项目激励机制不完善，激励参与者提供优质内容和社交的算法并不合理。防作弊机制不健全，大量用户为了拿奖励而结盟、利用模型设计规则互关互赞，导致平台内容质量低下。如何激励优质内容和有效社交、完善经济模型算法的问题亟待解决。

（3）用户的接受度与配套监管。新社交应用使用场景的出现需要新技术的大规模普及，接受新技术的人群超过临界点就会使整个群体迁徙到新的应用。Web 2.0 社交媒体的爆炸式增长，出现在拥有 1 亿用户之后。目前，根据 Glassnode 的统计数据，比特币非零地址大致有 4 亿个，以太坊非零地址大致有 1 亿个，比特币与以太币几乎可以代表整个用户群体，其活跃用户大约有 100 万。对于热点事物 NFT，其最具影响力的交易市场 OpenSea 的活跃用户小于 2.5 万。从用户数量和产品的发展看，SocialFi 的产品还需要较长的教育用户阶段，距离爆发的临界点还很远。

此外，在 SocialFi 的项目经济模型中设计自己的项目数字货币或者使用其他第三方的数字货币，使这些应用的发展在很多地区都存在法律与监管的障碍。

总体来说，通过分析 SocialFi 的特征和能力，其前景充满想象空间与希望。此外，社交媒体网络具有普遍的吸引力，随着人们对个人价值更多的关注和一些示范性事件的发生，SocialFi 会成为 Web 3.0 时代的重要应用领域。在 coingecko 平台上当前排名前十的 SocialFi 项目如图 4-12 所示。

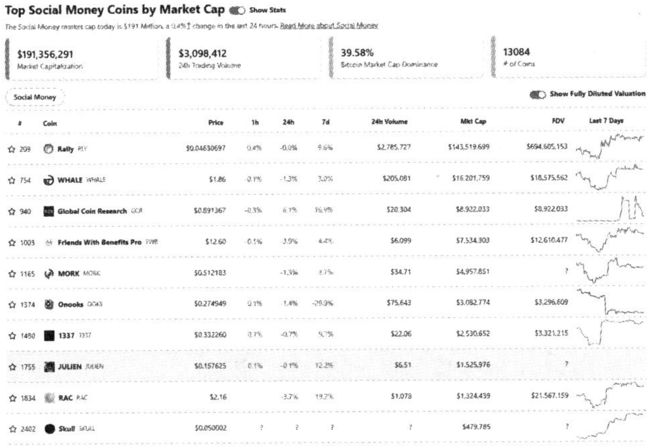

Top Social Money Coins by Market Cap Show Stats

The Social Money market cap today is $191 Million, a 0.4% change in the last 24 hours. Read More about Social Money

$191,356,291 Market Capitalization	$3,098,412 24h Trading Volume	39.58% Bitcoin Market Cap Dominance	13084 # of Coins

Social Money | Show Fully Diluted Valuation

#	Coin	Price	1h	24h	7d	24h Volume	Mkt Cap	FDV	Last 7 Days
209	Rally RLY	$0.04630697	0.4%	-0.0%	9.6%	$2,785,727	$143,519,699	$694,605,153	
754	WHALE WHALE	$1.86	-0.1%	-1.3%	3.0%	$205,081	$16,201,759	$18,575,562	
940	Global Coin Research GCR	$0.891367	-0.3%	6.1%	76.9%	$20,304	$8,922,033	$8,922,033	
1003	Friends With Benefits Pro FWB	$12.60	-0.1%	-3.9%	4.4%	$6,099	$7,534,303	$12,610,477	
1165	MORK MORK	$0.512183		-1.3%	3.7%	$34.71	$4,957,851	?	
1374	Onooks OOKS	$0.274949	0.1%	-1.4%	-29.9%	$75,643	$3,082,774	$3,296,609	
1480	1337 1337	$0.332260	0.1%	-0.7%	9.7%	$22.06	$2,530,652	$3,321,215	
1755	JULIEN JULIEN	$0.157625	0.1%	-0.1%	12.2%	$6.51	$1,525,976	?	
1834	RAC RAC	$2.16		-3.7%	19.2%	$1,078	$1,324,439	$21,567,159	
2402	Skull SKULL	$0.050002	?	?	?	?	$479,785	?	

图 4-12 在 coingecko 平台上当前排名前十的 SocialFi 项目（数据来源 coingecko，截图时间 2022.8）

4.6 Web 3.0 的生态

Web 3.0 的生态是基于区块链技术和思想构建起来的各种新应用。这个生态的主要特征是基于区块链的技术特性和经济学特性，表现为以用户为中心、去中心化的应用形态。

1. Web 3.0 应用的六个具体特征项

区块链的技术特性与经济学特性,可以分为六个具体特征项。

(1)区块链技术基础性质:去中心化、不可篡改、公开透明、加解密等基础技术。

(2)Web 3.0 的基本元素:FT、NFT、SFT,Web 3.0 应用的所有逻辑都构建在这三个基本元素之上,NFT 具有更广泛的应用空间。

(3)可开发功能组件:智能合约、预言机,这些可编程模块是构建 Web 3.0 应用逻辑的基础组件,预言机是连接区块链链内和链外的重要机制,只有可以和外部数据交互,才能发挥区块链更大的作用,并且这些组件的提供会使应用具有自动化运行的能力。

(4)经济模型:通证设计、激励与惩罚规则等能力是 Web 3.0 具有强大威力的坚实基础。

(5)去中心化组织 DAO:在 Web 3.0 的应用中如何用好去中心化组织 DAO 的能力,是一项经济模型之外的制度建设能力。

(6)元宇宙相关元素:虚实结合,构建虚拟和现实之间的联系与互动。

依据传统应用的分类和区块链六个具体特征项组成的二维表格,就可以清晰地理解每个具体应用可以和区块链技术的结合点、形成的具体能力,以及最终形态。这些结合点有的很容易实现,如防伪溯源,直接可以集成到当前的 Web 2.0 产品中,一些能力不容易实现,如智能合约、DAO,都需要应用有了区块链的建设基础之后,才能够逐渐建设,如表 4-7 所示。

表4-7 传统应用分类和区块链六个具体特征项的结合点

特征 应用	区块链技术基础性质：去中心化、不可篡改、公开透明、加解密	Web 3.0的基本元素：FT、NFT、SFT	智能合约、预言机，提供自动化能力	经济模型设计：通证、激励	去中心化组织：DAO	元宇宙相关元素：虚实结合	最终形态
即时通信	账号、信誉、加解密	数字货币与NFT资产	构建新兴社交应用	设计社交经济模型，激励平台建设	社交中的组织结构	社交方式扩展到元宇宙形式	Web 3.0社交
网络视频	账号、防伪、溯源、版权	数字货币与NFT视频产品	购买、评价、结算……	激励平台建设，分配相关利益	视频应用的DAO模式	融合元宇宙	Web 3.0视频平台
网络支付	账号、信誉、评级	数字货币与NFT资产	数字货币支付、DeFi、Dex……	产生与维护数字货币体系	扩展支付形态	构建元宇宙中的支付体系	超主权货币体系
网络购物	账号、资产、信誉	数字货币与NFT商品	购物流程、物流流程、结算流程	促进商品流通和保障公平交易	购物的DAO模式	给予沟通元宇宙的体验	Web 3.0购物平台
网络新闻	账号、防伪、溯源、版权	数字货币与新闻NFT产品	构建新闻DApp	新闻应用中的经济模型	新闻中的DAO，分组应用	新闻的元宇宙表现形式	Web 3.0新闻应用
网络音乐	账号、防伪、溯源、版权	数字货币与音乐NFT产品	构建音乐DApp应用	音乐应用中的经济模型	音乐应用中的DAO	元宇宙场景与沉浸感……	Web 3.0音乐平台
区块链原生应用	基础公有链	数字货币与NFT应用	原生协议与原生DApp	数字货币	DAO应用	元宇宙中的数字货币、土地等资产	

参考投资机构a16z对Web 3.0应用的分类，我们可以了解当前Web 3.0的主要生态内容，如图4-13所示，分为基础设施、

DeFi、交易与交易所、隐私与安全、存储与云服务、托管与经纪人、投资基金、企业应用、银行业务与支付、游戏与NFT。

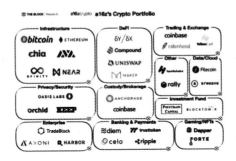

图4-13　投资人对Web 3.0应用分类的生态应用图

以Web 3.0技术栈分层结构体现的生态应用图如图4-14所示。以应用分类为聚合的Web 3.0应用生态图如图4-15所示。

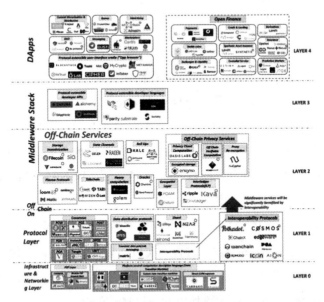

图4-14　以Web 3.0技术栈分层结构体现的生态应用图

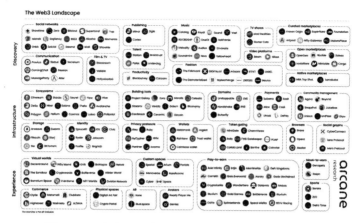

图 4-15 以应用分类为聚合的 Web 3.0 应用生态图

2. Web 3.0 应用的局限性

目前 Web 3.0 还存在一些局限性。

（1）区块链基础设施的性能需要提高。由于 Web 3.0 的应用体现为去中心化，在上面的交易会相对缓慢，数据存储有限。这方面的能力会随着区块链技术的逐渐成熟而得到改善，代表事物是区块链 Layer1 和 Layer2 的发展水平。

（2）基础设施的开发环境与生态需要发展。当前使用区块链还需要自己动手开发很多组件，还没有形成 Web 2.0 时代丰富的组件库。一些开发组件库，如 ethers.js、Web 3.js 和 oo7.js，正在形成和逐渐完善中。

（3）用户体验与教育成本需要增加。目前与 Web 3.0 App 互动，还需要更多的教育过程和实践，普通用户还不理解钱包的概念和丢失的风险。一方面需要教育，另一方面需要让用户实际体验。此外，还需要技术发展提高易用性。

（4）Web 3.0 的可体验性不足，大多数普通用户还无法体验 Web 3.0 的应用。这种情况有两个主要原因：一是 Web 3.0 的应用还不够丰富；二是 Web 3.0 应用内部一般都集成数字货币，在一些国家还没有形成有效的监管规则，当前处于禁止状态。

（5）数字货币带来的法律和监管制度建设还没有形成，使真正的 Web 3.0 应用发展受阻。

3. 渐进式去中心化的路径探索

Jesse Walden（Variant Fund 创始人兼投资人，他曾就职于 a16z、Spotify、MediaChain 等多家公司）对 Web 3.0 的一个建议路径是笔者认为比较切合实际的路径：渐进式去中心化。

一些人在构建 Web 3.0 应用的时候，经常会有一些困扰。例如，有人提问 Mirror 的 Patrick Rivera："你怎么能指望委员会设计出伟大的产品？"于是有人向他推荐了 Walden 关于渐进式去中心化的文章。

文章中描述 Walden 的思路，尝试通过委员会设计产品或从第一天开始就提供代币是没有意义的。相反，Walden 提出了一个解决去中心化问题的框架，分为三个步骤，目标是构建可持续、合规和社区拥有的产品。

（1）产品与市场契合。

（2）社区参与。

（3）充分地去中心化。

通过了解 Web 3.0 的应用，可以看到当前 Web 3.0 的应用情况，并且 Web 3.0 应用终会蓬勃发展，这会是一个伟大时代的来临，值得我们所有人期待。

第
5
章

Web 3.0 的经济通证 FT 与 DeFi

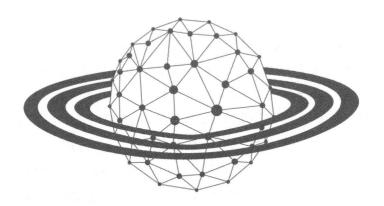

本章介绍 Web 3.0 中的同质化代币（FT），它们是组成 Web 3.0 世界的一种重要基本元素。FT 在数字货币领域产生最早，应用发展得也非常丰富。从比特币的诞生到其他数字货币的产生，从 ICO 到 DeFi，区块链的前十几年的发展几乎都是 FT 的发展和应用史。

5.1　FT 的发展与应用

比特币的产生是区块链诞生的标志性事件，早期的各种数字货币，包括各种山寨币，都是 FT 的代表。当时不这样称呼和表示 FT，是因为没有出现 NFT 的概念，这样不需要区分，就没有人用 FT 来描述这些事物。现实世界中，存在着大量的 FT，如各种硬币、钞票、同类型商品、账本上的金额……一般只代表数量，或者只在意其数量含义的物品，都可以认为是 FT。

FT 的流行有两个重要原因：一个原因是各种数字货币的发展；另一个原因是 ERC20 协议的产生，以及其他类 ERC20 协议的流行，我们统称为 xRC20 协议。因为这两个原因，在区块链的世界产生了丰富的 FT 产品和应用，推动了区块链的前两次重要的发展高潮。

1. FT 的两次大发展

（1）比特币产生后，依据其技术实现和经济模型为参考，产生的各种山寨币流行，扩大了区块链 1.0 时代的数字货币范围；各种公有链的产生，包括升级到区块链 2.0 的公有链，丰富了区块链的不同公有链，产生了大量的 FT。截至 2022 年 8 月，CoinMarket 上的统计数据显示：加密货币 20 543 种，交易所 507 个，市值 \$1 144 026 449 794.78，24 小时交易量为 \$87 409 079 325.02。前两名的占有率分别为：比特币占比 40.0%，以太币占比 20.1%。不在 CoinMarket 统计中的 FT 也有很多。第一次大发展中的代表性 FT 如图 5-1 所示。

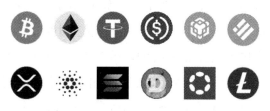

图 5-1　第一次大发展中的代表性 FT

（2）ERC20 与 xRC20 的发展，促成了在链上更多种类数字货币的产生。尤其是 ICO 的兴起，推动了一次数字货币的泡沫发展，也促进了 FT 的蓬勃发展。依靠以太坊或其他公有链的智能合约产生了第二次 FT 的大发展。

第二种形式的 FT，经过孕育会发展成第一种形式的 FT，形成自己独立的公有链。笔者在《区块链经济模型》一书（《区块链核心知识讲解：精华套装版》由北京理工大学出版社 2022 年 3 月出版）中讨论的一个 Coin 和 Token 的区分，就是这种孕育过程。具体为：在数字货币领域还有一个 Coin 和 Token 的区分，这个区别是 FT 的两种转换形式。独立主网的通证称为 Coin，在其他主网上面用智能合约发布的通证称为 Token。Coin 是指具备货币属性的区块链项目的货币。这些区块链项目都是基础链，拥有自己独立的区块链平台，它们发行的基础链币为原生币，具有货币的性质——价值存储和传输媒介。Token 是指具有权益属性的区块链应用项目的代币。这些区块链项目基于其他的基础链平台，即 Token 项目是搭建在 Coin 项目平台上的。它们发行的数字货币为 Token，此时的 Token 翻译为代币能更准确地表达其含义，同样具有权益凭证的属性。权益凭证就是拥有该项目的代币，拥有权益凭证就拥有了该项目的权利和利益，就相当于是我们拥有一个上市公司的股票一样。所有开始在以太坊上发行 ERC20 的代币都叫作 Token，当自己的项目公有链上线后，完成从代币到主网币的映射，这时 Token 都开始成为 Coin。当初的 EOS、TRON 都是 Token，当它们的主网上线后，都转换到 CoinMarketCap 的 Coin 分类中。

2. FT 的应用

了解了 FT 的基础概念和相关发展，下面再了解一下 FT 的应用。在以太坊的白皮书中描述：一般来讲，以太坊之上有三类应用。

第一类是金融应用，它为用户提供了更强大的方式以使用他们的资金来管理和订立合约，包括子货币、金融衍生品、对冲合约、储蓄钱包、遗嘱，甚至一些种类的全面的雇佣合约。

第二类是半金融应用，这里有钱的存在，但也有很重的非金钱的方面，一个完美的例子是为解决计算问题而设的自我强制悬赏。

第三类是非金融应用，如在线投票和去中心化治理这样的完全的非金融应用。

以太坊的应用分类是我们可以参考的区块链世界的三类应用，在这三类应用中，DeFi 是 FT 应用的典型代表，而且 DeFi 有着丰富的应用类型可以研究和参考，其发展也相对比较成熟。图 4-4 中显示，不仅收入占比达到 24%（Dex15%，Staking8%，Lending1%），而且发展潜力很大，还有很大的增长空间，同时 DeFi 也是区块链第 1 层收入的主要变现通道。

我们先了解 FT 的半金融应用和非金融应用，然后再详细介绍 FT 金融应用中的 DeFi。

5.2 FT 的半金融应用与非金融应用

除了金融应用，FT 还有半金融应用和非金融应用两类。这两类在定义中指出应用中有货币 FT 的概念存在，或者没有货币 FT 的概念存在，但不管如何，在这两类应用中，金融都是辅助的功能，主体功能并不是为了金融应用，如悬赏解决问题、在线投票、去中心化治理等都是这样的案例。

在以太坊的介绍文档中，将收藏品、交易市场、供应链都作为半金融应用。将区块链游戏、企业应用、基础设施、开发者工具、数字身份认证、去中心化治理都作为非金融应用。

其中还有一些有代表性的应用，可以帮助我们理解半金融应用和非金融应用。

（1）OpenSea交易平台（半金融应用）：OpenSea是第一个去中心化的基于区块链资产的点对点市场，其中包括加密货币收藏品、游戏项目以及其他由区块链支持的资产。OpenSea团队具有斯坦福大学的背景，并由YCombinator、Founders Fund、Coinbase Ventures、1Confirmation和Blockchain Capital资助。OpenSea当前是用户拥有的数字商品的最大通用市场，商品类别最多，并且用户活跃度最高。在OpenSea中，各种货币FT是支付工具。

（2）以太坊名称服务（Ethereum Name Service，ENS）（非金融应用）：ENS是建立在以太坊区块链上的分布式、开放的命名系统。在以太坊网络中，地址通常是一连串长而复杂的哈希地址，如用户的地址和智能合约的地址。在这种情况下，用户记住一个地址是十分困难的。为了方便用户，以太坊推出了可以将哈希地址"翻译"成一个简短易记地址的ENS命名服务。用户要是想执行合约或账户转账，只要向ENS提供的"翻译"地址发起交易就可以了，不用再输入一连串的哈希地址。从这方面来看，ENS很像我们平时所熟知的DNS服务。例如，A要给B转一笔钱，当A发起交易时，在收款人地址处不用再填写B的哈希地址，填写B的简单易记的钱包域名（B.myetherwallet.eth）也能正常交易。在ENS中，货币是支付工具和燃料费用。

（3）企业应用（非金融应用）。以太坊提供了使开发人员能够协作且自信地进行构建的工具。这些工具使企业能够在几分钟内创建、测试和部署。企业级区块链解决方案中的一些代表如下。

1）商业平台的区块链：Kaleido、Quorum、Besu。

2）基础架构和以太坊 API 访问：Infura、Chainstack。

3）钱包和身份平台：Fortmatic、MetaMask、uPort。

4）开发人员工具、框架和测试网：Truffle、Rinkeby。

5）培训资源：ConsenSys 学院。

对于企业以太坊解决方案的管理和持续维护，遍布全球的每个市场都拥有成熟的支持提供商，如 ConsenSys Solutions 和顶级 IT 咨询公司。以太坊的架构规范有效地满足了企业级对隐私、安全性、性能、可伸缩性和互操作性的要求。

这些应用中一般没有货币 FT 的概念，即使有，也是作为内容和服务的一部分，已经完全没有了货币的三种职能，或者只具有部分职能。

5.3 DeFi 的定义与特点

在了解 DeFi 之前，需要先了解 CeFi。CeFi 是 Centralized Finance 的缩写，中文名字叫"中心化金融"，是与 DeFi 相对的一个词语。CeFi 这个词语是因为有了 DeFi 才被创造出来的，但它并不是新鲜事物。现有金融体系都是 CeFi，如银行、证券、保险、信托、外汇、期货这些范畴都是 CeFi，已经有很长的历史。因为 DeFi 概念的出现，作为区分和对比说明，就产生了 CeFi 这个词语，用来表示现有的中心化的金融体系。

DeFi（Decentralized Finance）又称为去中心化金融或开放

式金融，是指构建开放式金融基础架构的许多去中心化协议。这些协议很有价值，因为它们正在创建一种新的通道，以使世界上可以上网的人都能够访问具有自主权、不受审查的金融服务。在以太坊的白皮书中，设计目的之一是基于以太坊的金融服务将个人点对点联系起来，使他们能够更轻松、更经济地获得基本金融服务。

在现有系统中，所有金融服务均由中央机构控制。无论基本的汇款、资产购买还是放贷，都必须经过中介机构，中介机构会为金融交易的中介收取租金，并为管理机构提供相关的管理任务。中心化的金融机构因为缺少竞争和其特有的中心化模式，使CeFi的金融服务业机构臃肿、成本高昂。例如，国际汇款中使用SWIFT的方式进行一次汇款的手续费通常要十几美元到几十美元，信用卡公司也对每一笔网上交易收取2%的费用，亚马逊每年都需要支付数十亿美元的交易费用。后来SWIFT虽然提出了改进计划GPII，但各种对比指标还是差很多，我们用区块链领域的瑞波支付与SWIFT的GPII对比，如表5-1所示。

表 5-1　瑞波支付与 SWIFT 的 GPII 对比

指标＼支付方式	瑞波	GPII
速度	数秒	十几分钟
手续费	非常低（不足 0.01 元 / 笔）	将公布
外汇兑换率	最佳兑率	银行外汇兑换率
数据	完整传送	计划于 2.0 版加入
追踪	无须	必须
技术	瑞波网和 ILP	SWIFT+ 新信息

在 DeFi 中，区块链系统凭借其内建的"数字信任"和其上运行的智能合约可以更轻松和低成本地满足人们日常的金融服务。例如，智能合约中在满足某些预定义条件后自动执行业务逻辑的代码段，完全可以取代现实中通过人员机构完成的金融服务。智能合约看起来很像金融合约，因为它们托管资金，并根据某些事件转移资金。运行智能合约的 DeFi 系统非常优越，因为一旦将编码后的业务逻辑部署到区块链系统中，就会被自动执行，也不会担心被其他人或机构操纵。

在以下主要功能上，基于区块链的 DeFi 服务优于集中式金融服务。

（1）无权限门槛：访问这些服务仅需互联网连接。

（2）抗审查：任何中央方都不能撤销交易顺序并关闭服务。

（3）去信任：用户不必相信中央机构或其他人，就可以确保交易是有效的。

（4）公开透明：公共区块链中的所有数据是完全透明且可审核的。

（5）可编程：开发人员可以以非常低的成本创建和整合金融服务。

（6）高效率：DeFi 服务是由代码而非人力来驱动的，因此比中心化金融的成本要低得多。

5.4 DeFi 的服务种类与发展

5.4.1 基础分类

DeFi 通常分为以下几类：去中心化交易所、借贷、稳定币、金融衍生品、预测市场、合成资产、去中心化保险平台、收益聚合器、保证金交易和资产代币化应用等。

1. 去中心化交易所

去中心化交易所（Decentralized EXchange，DEX）是一种允许任意两个相关方直接进行密码学货币交换的点对点交易市场。DEX 旨在解决中心化交易所固有的一些问题，如中心化的资产托管、地域限制和资产选择限制等。当前最流行的 DEX 采用的是自动做市商（Automated Market Makers，AMM）系统，而不是传统的订单簿系统。相比传统的撮合买单和卖单，在 AMM 系统中，用户可以将资金存入资金池中用于交易，根据资金池中两种资产的数量之比确定交易价格。这种 DEX 依靠用户提供流动性，可以为主链上的任意资产做市，并为交易者提供始终可用的流动性。

2. 借贷

DeFi 协议可以赋能用户借贷资产。目前所有的 DeFi 贷款都是超额抵押，这意味着用户必须提供超过他们借入资产总价值的担保品。这就像抵押贷款，个人抵押自己的房屋以获得贷款。使用 DeFi 协议，用户可以抵押各种资产以借得包括稳定币在内的其他数字货币资产。当借款人的担保品价值与所借款项价值的比率降低到指定数值以下时，他们的担保品将被清算，以确保协议保持偿付能力。

3. 稳定币

有用的货币应该是一种交换媒介、记账单位和价值存储手段。加密货币起初表现出色，但作为价值存储或记账单位，它们非常糟糕。货币价格在正常情况下波动 20%，就无法成为有效的价值存储手段。

稳定币是旨在将价格波动的影响降至最低的加密货币，因此它们寻求充当价值存储和记账单位。为了最大限度地降低波动性，稳定币的价值可以与货币挂钩，或者与交易所交易的商品（如贵金属或工业金属）挂钩。由货币或商品直接支持的稳定币被称为中心化，而那些利用其他加密货币的稳定币被称为去中心化。

稳定币的实现方式一般有三种：抵押法币（每笔发行的稳定币背后都有对应的法币存在银行账户中）、抵押数字货币（每笔发行的稳定币背后都有对应的数字货币存在智能合约中）和算法（每笔发行的稳定币背后都有一套激励系统在支撑，以确保价格稳定在其目标价格附近）。

4. 金融衍生品——期权、期货和永续合约

传统金融学对金融衍生品的定义是，金融衍生品是一种金融合约，其价值来源于某种标的物的表现。这种标的物可以是资产、指数或利率，其通常被简称为"标的"。尽管到目前为止，相比其他 DeFi 协议，如借贷、去中心化交易所和稳定币，金融衍生品获得的关注仍然很有限，但是金融衍生品交易市场的交易量在 2020 年仍然增长了 10 倍。像 Synthetix、Yearn Finance 和 Hegic 这些平台已经帮金融衍生品在 DeFi 中正名了。

5. 预测市场

预测市场是对游戏、选举等事件结果进行下注的平台。市场价格反映了人们对事件发生概率的判断。去中心化的预测市场和中心化的预测市场的主要区别在于，前者建立在公有链上，

这意味着没有一个权威机构能控制它们。这使得这些网络更灵活、更安全、更便宜、更开放，无须托管并且抗审查。除了这些，还有其他一些优点，包括交易费用趋向于最小，随着时间的推移最终将趋向于零；任何人都可以交易和创建任意事件的预测市场；参与者不需要将资金存放到托管方；去中心化预测市场更能抗审查和腐败。迄今为止，预测市场在上述 DeFi 协议中获得的关注最少。

6. 合成资产

合成资产是模拟另一种资产价值的金融工具。实现价值模拟的方法有很多，但是，一般都是用外部价格信息的输入机制（预言机 Oracle）来确保资产的价格始终紧跟目标资产的价格。使用密码学资产可以创建无限可能的合成资产类型，而这些资产在以太坊等公有链上存在意味着它们可以向全球的投资者开放。而在这些资产被创建之前，世界上只有极少数人能够参与全球金融市场。合成资产可以为投资者提供的价值包括更多样化的资本配置、对冲风险的机会，以及增加投资回报的工具。

7. 去中心化保险平台

保险是公司为特定损失、损害、疾病或死亡提供赔偿保证以换取保费的一种做法或安排。例如，Etherisc 是一个共同构建保险产品的协议。通用基础设施、产品模板和保险许可及服务构成了一个平台，允许任何人创建自己的保险产品。

8. 收益聚合器

收益聚合器通过利用不同的 DeFi 协议和策略来最大化用户

利润。它可以在各个提供流动性挖矿的 DeFi 协议之间自动进行移仓，帮助用户获得更高的收益。也可以说是 DeFi 世界中的一个基金产品。只不过把中心化的投资团队给去掉，由代码写好的智能合约来代替行使传统基金投资理财的功能。

9. 保证金交易

DeFi 加密货币保证金交易是指使用从经纪人那里借来的资金来交易金融资产的做法，该金融资产构成了经纪人贷款的抵押品。通常是 DeFi 中的经纪人，它是自助货币市场之一。

10. 资产代币化

通过代币化，投资更便宜、更快、更安全，并且实时可用。这为以前可能由于地理或财务限制而无法投资的人们打开了现实世界的资产和加密货币的世界，并为传统且基本上过时的投资方法提供了一种替代方案。

DeFi 是基于金融基础设施的若干去中心化协议，这些协议非常有价值——通过这些协议，可以让互联网上任何人都能够自由享受各种金融服务。简单来说，DeFi 是在分布式系统的基础上，用分布式应用提供去中心化的金融服务的生态。DeFi 身处的位置非常特殊，传统的金融中包括金融科技，金融科技其中一项是区块链，区块链中有多种类型的通证（FT、NFT、SFT），DeFi 是区块链通证应用中的一个重要分支，尤其是针对 FT 的，当前的 DeFi 应用都是针对 FT 的应用，随着 NFT 技术和协议的成熟，也会出现基于 NFT 的抵押、租赁等金融服务。DeFi 在金融与区块链中的作用范围示意图如图 5-2 所示。

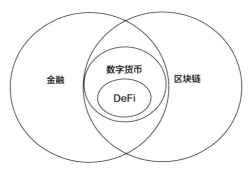

图 5-2　DeFi 在金融与区块链中的作用范围示意图

5.4.2　专业机构发布的可参考信息

defiprime.com 网站上的 DeFi 项目分类和数量（2022.8
截取）如表 5-2 所示。

表 5-2　defiprime.com 网站上的 DeFi 项目分类和数量

分类	数量（个）	分类	数量（个）
其他储蓄	2	借贷	12
DeFi 分析	16	保证金交易	5
资产管理工具	28	市场	11
DAO 与治理	8	支付	11
去中心化交易所	28	预测市场	5
衍生品	17	稳定币	14
基础设施与开发工具	25	质押	14
保险	3	资产代币化	8
KYC 与身份	10	收益聚合器	13

DeFi 的生态系统主要围绕几个著名的公有链进行，分别
是以太坊 DeFi 生态系统、Polygon DeFi 生态系统、Solana DeFi
生态系统、BSC DeFi 生态系统、比特币 DeFi 生态系统。在
defiprime 上面统计的 DeFi 应用有很多个（分布在多条公有链上

的同一应用认为是一个），其中，以太坊上面的 DeFi 应用 192 个；Polygon 上面的 DeFi 应用 58 个；比特币上面的 DeFi 应用 20 个；EOS 上面的 DeFi 应用 13 个；Solana 上面的 DeFi 应用 11 个。defiprime 上列出的代表性 DeFi 项目如图 5-3 所示。

图 5-3　defiprime 上列出的代表性 DeFi 项目

从图 5-3 中可以看到 DeFi 项目的发展已经比较成熟，不仅种类繁多，而且在一些主流公有链中都可以进行，已经形成良好的生态。于是有的人提出了用乐高积木的方式搭建金融应用，并形成了像 Compound 和 Totle 这样的 DeFi 服务商，构建者可以使用它们的 DeFi 工具构建相关的应用。

在 CoinGecko 与 TokenInsight 发布的《2022Q2 数字货币业季度报告》中，我们可以看到当前 DeFi 主要类比的收入占比情况，去中心化交易所、预言机、借贷、衍生品占据主要的地位，如图 5-4 所示。

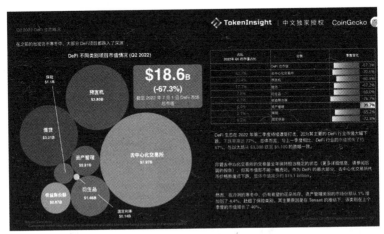

图 5-4　当前 DeFi 主要类比的收入占比情况（数据来源 CoinGecko）

5.4.3　典型 DeFi 应用 Uniswap 的发展历史与特点

Uniswap 是 DeFi 去中心化交易所（DEX）的经典案例，通过 Uniswap V1、Uniswap V2、Uniswap V3 版本的发展，可以看到典型 DeFi 应用的发展过程。

（1）Uniswap V1 于 2018 年 11 月推出，旨在为自动做市商（AMM）的概念提供验证，任何人都可以将资产投入到一种共享做市策略的交易所。

（2）2020 年 5 月，Uniswap V2 引入了新功能和优化，为 AMM 采用率的指数级增长奠定了基础。自推出以来不到一年的时间，Uniswap V2 促进了超过 1 350 亿美元的交易量，是全球最大的加密货币现货交易所之一。

现在，Uniswap 成为 DeFi 的关键基础架构，使开发人员、交易员和流动性提供商能够参与安全稳健的金融市场。

Uniswap V2 的主要特性如下。

①可以创建任意 ERC20/ERC20 交易对，而 Uniswap V1 只能创建 ETH/ERC20 交易对。这样在交易对内部对 Token 就可以统一处理，不再区分是 ETH 还是 ERC20。为了支持 ERC20/ERC20 交易对，ETH 相应地变成了 WETH。

②增强了预言机功能，减少了 Uniswap V1 中在同一个 block 内价格受到操控的风险。具体做法是：在一个 block 的开头大量卖出某种资产 A 从而影响价格，在该 block 的中间根据这个大幅波动的价格进行其他合约的其他操作（非 Uniswap 交易对合约），在该 block 的最后再买入相同数量的资产 A，使价格回到正常水平。Uniswap V2 进行了价格累计，方便第三方使用某一区间价格的平均值，大大增加了这种操纵的难度并使价格操纵无实质收益。由于使用平均值，A/B 和 B/A 的某一区间平均值不再是倒数关系，所以 Uniswap V2 版本提供了这两种价格。

③Flash Swaps：先欠再还交易，这样可以零成本套利。假定 Uniswap V2 中有一个 A/B 交易对，其他 DEX 也有一个 A/B 交易对。这里可先欠 A，从 Uniswap 中获取 B，再使用 B 从其他 DEX 中获取 A0，然后再归还 Uniswap 的 A，这样 A0-A 就是套利。我们什么代币都不需要，只是付出 Gas（手续费），就实现了空手套白狼。当然，其他 DEX 也可以对 Uniswap 零成本

套利，只要两者之间相同的交易对有足够的价格差。

④开发团队手续费：Uniswap V2 有一个开关，可以控制是否在 0.3% 的交易手续费中再分 1/6，即总手续费的 0.05% 给开发团队。为了避免影响交易手续费，这个费用只有在增加 / 减小流动性时才会做相应计算。

⑤合约重构：Uniswap V2 最小化交易对合约，只保留了交换功能和保护流动性提供者功能，同时也保存了每种资产最新的数量。其他功能都放到外部路由合约中。在 Uniswap V2 中，交易者在调用交换函数前必须将相应资产（代币）发送到交易对合约，交易对合约不管该资产是如何发送的。

（3）Uniswap V3 于 2021 年 5 月启动 L1 以太坊主网，相较于 Uniswap V2，最主要的变化是引入了集中流动性（Concentrated Liquidity）概念，实现了资本效率的最大化，一方面使 LP 可以赚取更多的回报，另一方面提高了交易的执行力，Uniswap V3 还改进了预言机以提供灵活的费率和范围订单功能。

Uniswap V3 引入了一些新的特性。

①流性集中：让单个的流程性提供者可以对其资本分配的价格范围进行精细控制。将各个头寸汇总到一个池中，形成一条组合曲线供用户进行交易。

②多种费用层级：允许流动性提供者因承担不同程度的风险而得到相对应的费率。

这些功能使 Uniswap V3 成为有史以来最灵活、最高效的 AMM。

相对于 Uniswap V2，流动性提供者可以提供高达 4 000 倍的资本效率，从而获得更高的资本回报率；资本效率为低滑点交易执行铺平了道路，它可以超越集中交易和以稳定币为中心的 AMM；流动性提供者可以在价格上行时明显地增加资产，在价格下行时降低资金投入以减少风险；流动性提供者可以通过将流动性增加到完全高于或低于市场价格的价格范围（近似于沿平滑曲线执行的获利限价单）的流动性来出售另一种资产。

Uniswap 预言机现在可以更容易、更低成本地集成。Uniswap V3 的预言机能够提供过去 9 天内任何时间段内按需提供的时间加权平均价格（TWAP）。这解决了集成商需要检测历史价格的问题。

即使有了这些突破性的设计改进，以太坊主网上的 Uniswap V3 下的交换费用仍然比 Uniswap V2 便宜。从 Uniswap 的发展可以看到 DeFi 应用在使用中得到了不断的完善，这个过程对于 Web 3.0 领域的产品都有重要的参考性，同时也验证了 Web 3.0 领域的产品是使用不断强化功能的方式成长的。

5.5 DeFi 的作用与价值

1. 中心化金融机构的职能与不足

与 DeFi 相对应的是传统金融，也称为中心化金融。中心化金融机构有很多职能。

（1）货币的发行、投放、流通和回笼。

（2）各种存款的吸收和提取。

（3）各项贷款的发放和收回。

（4）银行会计、出纳、转账、结算、保险、投资、信托、租赁、汇兑、贴现、抵押、证券买卖、国际间的贸易和非贸易的结算，以及黄金白银买卖、输出、输入等。

这些功能都在中心化金融机构中实现，虽然运作正常，但有很多缺点。中心化金融机构为保障交易双方的安全性，需要设计各类安全系统和措施，交易过程复杂，速度较慢，同时这些银行、交易所、券商、会计师、律师等中介都要收服务费，导致交易成本比较高。而且中心化金融机构的垄断地位，使它们也没有动力去改进相关的问题，而是更乐于通过垄断地位获得丰厚的利润。在世界各国的公司排名与利润排名中，中心化金融机构都具有非常大的利润。

此外，非金融客户也是 DeFi 中要解决问题的领域。据统计，截至 2017 年，全球有约 1/4 的人口，大约 17 亿人是没有银行账户的。可能银行在该地区没有开设分支，开户需要很多文件、资料，有些地区开户还要收管理费，导致人们不想或者没有办法开设。金融的普及程度不够，很多人还没有享受到金融的普惠。但在这些地区，这些人群完全可以凭借 DeFi 服务享受金融普惠。

2. DeFi 的作用与价值

1）DeFi 对 CeFi 的功能补充与优势

全球没有银行账户的人，大多数能连互联网，这些人有可能享受到金融服务，通过 DeFi 这种去中心化的分布式金融服务，能把成本降到最低，然后通过手机和互联网实现金融的普及。

DeFi 不需要央行这样的机构，因为有自己的数字货币，用比特币、以太币、EOS、USDT、USDC 都可以作为底层的支付手段；DeFi 有智能合约，在以太坊中，代码即法律；也不需要法务和法官，只要有智能合约，就可以判断哪个合约可以执行；也不需要合同，只要把智能合约写好，就可以自动执行，没有合同纠纷；因为是建立在区块链上，合约不会被篡改，合同不需要保管在公证处和保险箱里；所有的交易都可以被追溯，透明且公平；DeFi 是天生无国界且去中介的。

DeFi 协议与现有全球金融体系竞争的长期潜力取决于其全球覆盖范围、市场结构和应用价值。Messari 认为，与摩根大通这样的传统金融机构相比，DeFi 协议在全球价值转移、跨境扩张和监管限制方面更加有效。

DeFi 的这些特点能够弥补中心化金融的不足。

第一要有底层的公有链，DeFi 的公有链以以太坊为主，90% 的 DeFi 用的都是以太坊，还有使用 Polygon、Solana、EOS 和比特币等公有链的 DeFi。以太坊有智能合约，而且使用范围很广。

第二是支付，支付可以使用稳定币。DeFi 有自己的稳定币，如 DAI。

第三是借贷、交易，交易分正常交易和衍生品交易。

第四是钱包和券商，也就是交易所，以及预言机和博彩。预言机提供数据接口，让现实世界发生的数据连到 DeFi 的金融产品中。

第五是资管和理财。

2）当前 DeFi 的发展情况

截至 2021 年 3 月底，DeFi 总市值已高达 971.22 亿美元，其中 DeFi 借贷平台借款总量为 121.1 亿美元，DeFi 中锁定资产（下文称为锁仓，锁仓金额是衡量 DeFi 的重要参数）总价值为 659.5 亿美元。约 8.2% 的 ETH 流通供应量被锁定在 DeFi 生态系统中。

从 2019 年 10 月 DeFi 锁仓的 5 000 万美元，到短短一年后锁仓约 70 亿美元，再到 2021 年 3 月锁仓 660 亿美元，DeFi 经过短短两年的时间，实现了惊人的爆发增长，现在仅仅是在币圈内的影响力，一旦"出圈"，被越来越多的人认识、熟知，DeFi 的普惠特性将会发挥得更为充分，届时 DeFi 将迎来更加快速的发展。

3）区块链上 DeFi 的特点

现在的金融服务行业如此膨胀，一个很大原因是数字领域的金融交易不够安全。我们没有办法信任我们在网上的交易对手，所以需要向执行该信托的金融机构支付费用。

以太坊利用了在比特币中创建"数字信任"的相同原则，并将其应用于智能合约——在满足某些预定义条件后，执行业务逻辑的自执行代码片段。智能合约看起来很像金融合同，它可以代管资金，并在需要时转移资金。该系统非常优越，因为一旦该业务逻辑部署到以太坊主网，任何人都无法再操纵修改业务逻辑。

基于区块链的去中心化金融服务，要优于传统的金融服务。

（1）无须授权：只要能连接互联网，就可以访问使用这些服务，不需要经过第三方的授权。

（2）抵抗审查：没有中心机构能够修改交易或关闭服务。

（3）无须信任：用户不必信任中心机构，依赖智能合约，就可以确保事务有效。

（4）透明：在以太坊等公共区块链上，交易完全透明且可查证。

（5）可编程：开发人员可以使用非常低的成本来创建、连接金融服务，这会让金融产品变得非常丰富。

（6）高效率、低成本：开放金融服务是由代码而不是人类提供的，因此要比传统金融交易成本低得多。

DeFi 将继续前进，每一步都朝着一个全新的、开放式的全球金融体系迈进。

5.6 DeFi 是 Web 3.0 时代的金融系统

从前面的章节可以看到 Web 3.0 的应用分类和生态。虽然当前的 Web 3.0 应用发展还处在初级阶段，还没有覆盖《中国互联网络发展状况统计报告》中的全部或大部分应用分类，但我们可以看到区块链的经济模型在原生应用、GameFi、SocialFi，以及一些 Web 2.0 向 Web 3.0 迁徙的应用的设计与作用。

1. Web 3.0 时代 DeFi 对 CeFi 的逐渐替代

通过前几个小节，我们已经了解了当前的 DeFi 应用与 CeFi 应用的不同。虽然当前的 DeFi 应用还没有扩展到大部分的 CeFi 应用领域，但我们也看到了 DeFi 的强大优势，在成本、公平性、安全性等金融领域重视的几个方面，DeFi 都远远胜出 CeFi。目前还没有扩展到全部的 CeFi 领域，是因为区块链的发展还不够

成熟，相关的监管与法律也还需要逐渐完善。但我们可以看到
DeFi 未来的成长趋势。

2. DeFi 对应用内数字通证的综合管理

一些 Web 3.0 应用虽然不是纯金融应用，但这些应用的内
部有经济模型的设计和应用中的数字通证（FT 与 NFT），像区
块链游戏和区块链社交这些应用都包含应用内的通证，初期发
展的 GameFi 和 SocialFi 就是对这些通证的金融管理。当这些应
用的影响力足够大，其应用内的通证会具有更强的货币属性，
这些通证会逐渐进入当前主流的 DeFi 交易中，并占据有影响力
的份额。

3. 发展中对其他领域的覆盖

随着 DeFi 的发展，除了当前对数字通证 FT 的去中心化金
融会繁荣发展，在 Web 3.0 的应用中，NFT 也会逐渐发展出很
多的去中心化金融应用，它们与当前的 DeFi 应用有较大的不
同。下一章介绍的 NFTFi 就是 NFT 的去中心化金融，它们也属
于 DeFi 范畴。SFT 会因为呈现的不同形式，属于 FT 的 DeFi 或
NFT 的 DeFi，到这个阶段，DeFi 就覆盖了 Web 3.0 中的全部基
本元素。

最终 DeFi 会成为 Web 3.0 时代各种应用的金融系统。

Web 3.0 的经济通证 NFT

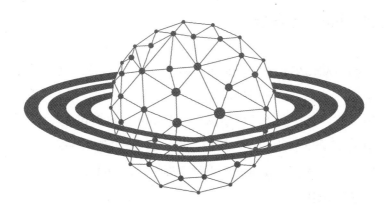

本章介绍 Web 3.0 中的非同质化代币（NFT），它们是组成 Web 3.0 世界的另一种重要基本元素。NFT 在数字货币领域产生比较晚，在 2017 年的加密猫游戏中才产生应用场景，到 2018 年年初形成了 ERC721 协议。NFT 首先被用于游戏和艺术品，在 2021 年和 2022 年经历了第一次发展高潮，通过本章对 NFT 内容的综合介绍，可以看到 NFT 在今后会有更广阔的应用场景。

6.1 NFT 的发展

与同质化物品不同，非同质化物品或代币彼此之间是不能互换的，它们具有独特的属性，即使看起来相似，但彼此之间有根本的不同，代表不同事物。加密猫（CryptoKitties）等游戏使用的是最早期的 NFT。NFT 包含了记录在其智能合约中的识别信息。这些信息使每种代币具有独特性，因此不能被另一种代币直接取代。

在现实世界中，存在着大量的 NFT，如各种收藏品、独特个性的物品、不同的图片、不同的文章、不同的人……对于这些事物，一般人会在意其明显的独特特征，复制或模仿都不能代表原来的事物，具有这些特征的物品的数字表现形式都可以认为是 NFT。

现实世界将 1993 年 Hal Finney 提出的 NFT 概念作为最早的起源。推动 NFT 出现的是 2014 年创立的 Counterparty，基于其创建的 Rare Pepes 将热门 meme 悲伤蛙做成了 NFT 应用。meme 被翻译为模因，相当于一种表情包、一句话，甚至一段视频、动图。这说明现实世界中的 NFT 很早就存在了，1993 年开始有人定义这种不相同的事物，在区块链的世界是从 ERC721 协议的产生代表 NFT 事物的产生。

1. NFT 发展的标志性事件

在区块链世界里，NFT 的发展经历了以下几个标志性事件。

1）ERC721 协议的产生

2017 年 6 月，世界上第一个 NFT 项目 CryptoPunks 正式诞生，并最早启发了 ERC721 协议。它通过改造 ERC20 合约发行代币，生成了 10 000 个完全不同的 24×24、8 位元风格像素的艺术图像，将图像作为加密资产带到了加密货币领域，具有开创性。

同年 10 月，Dapper Labs 团队受 CryptoPunks 启发，推出面向构建非同质化通证的 ERC721 协议，并且基于 ERC721 推出了一款叫作 CryptoKitties 的加密猫游戏，将 NFT 概念推向了高潮。加密猫在价值塑造方式上的创新，使 CryptoKitties 迅速走红并成为市场主流，曾占据以太坊网络 16% 以上的交易流量，甚至造成以太坊网络出现严重拥堵，全网转账交易延迟。

ERC721 协议的产生和其他 xRC721 标准的流行，是 NFT 流行的一个重要原因，使得在区块链的世界可以产生丰富的 NFT 产品，另一个原因是其交易市场的繁荣，NFT 体现在经济上的高价值，使更多的人开始接受和储藏 NFT 产品。

2）ERC1155 协议的产生

同质化代币和非同质化代币的流行和丰富，还导致了功能更加丰富的 ERC1155 协议的产生，其功能更加强大，支持更多交易、更丰富的代币类型、更强的扩展功能。

ERC1155 的创建将 ERC20 与 ERC721 联合起来，克服了原有应用中出现的局限性，提高基于以太坊各项应用管理的效率。不仅如此，ERC1155 避免了目前存在的代币碎片化问题，允许相同类型的合约控制两种类型的代币。基于 ERC1155，DApp 的开发者可以创建 SFT（Semi-Fungible Token，半同质化代币），并使用同一合约注册可替代代币和不可替代代币，使资源利用更加有效。

SFT 是一种新的代币，这些代币在其生命周期内既可以是可替换的，也可以是不可替换的。在交换时，从可替换的代币到不可替换的代币的转换过程就是半替换代币概念的由来。（当前从不可替代代币向可替代代币的反向过程还没有出现，但随着应用场景的发展，这种理论上的反向场景也会出现在应用中。）

当前国内的一些收藏品应用发行的就是 SFT 的场景。这里以从鲸探购买的一个收藏品图片为例，来理解 SFT 的变化过程。鲸探上面的藏品经常是发行 10 000 份，在宣传售卖的时候，这个藏品就是一个 FT，这个阶段是展示和宣传，用一个图片介绍就可以展现 FT 的全部特征，用户购买后，就变成了 NFT（也可以认为是 SFT）。

对于需要用分类来区分的事物，每个分类内又没有区分的事物。就是宏观上只区分个数，微观上会区分个体属性的事物，可以理解为 SFT 的使用场景。也可以用另外一种方式来理解，90% 相同，10% 不相同的事物，都可以称为 SFT（这个比例不是固定的，而是一个变化的数值，极端情况下，100% 相同就是 FT，0% 相同就是 NFT）。

2. 当前 NFT 的发展数据

从 2022 年 5 月的 TokenInsight 报告中，我们可以看到当前 NFT 的整体市值已经达到近 200 亿美元的规模，全球参与 NFT 交易的人数已经突破 200 万人。可以参考统计报告中的两张图，如图 6-1 和图 6-2 所示。

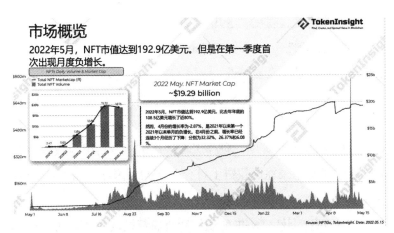

图 6-1 TokenInsight 报告中的 NFT 市场概况

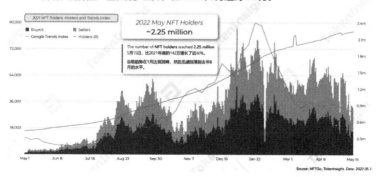

市场概览

NFT持有人的数量一直在稳步上升，在2022年5月达到225万。

图6-2 TokenInsight 报告中的 NFT 持有人数

6.2 NFT 的特性与分类

1. NFT 的特性

NFT 的特性表现在以下几个方面。

（1）独特性：每一个 NFT 包含唯一的标识数据，这些数据被永久存储且不会被篡改。

（2）永久性：一旦 NFT 被铸造，就可以永远存在于区块链上。

（3）稀缺性可证明：创作者在区块链上发行限定数量的作品，由于所有记录在区块链上可公开访问，因此证明 NFT 的稀缺性。

（4）可追溯性：NFT 的创作和流通都被区块链永久保存，可以确切知道谁曾持有过该 NFT，一直追溯到 NFT 的创作者。

（5）可编程性：使用智能合约技术产生 NFT，这样可以通过唯一标识和各种智能合约一起扩展 NFT 的功能，使其属性和功能具有可编程性。

（6）去中心化: NFT 发行在区块链上，由创建的用户所拥有，即使在其他中心化平台使用和交易，也不能被随意夺走所有权。

2. NFT 的常见类别

NFT 的常见类别如表 6-1 所示。

表 6-1　NFT 的常见类别

分类	代表性项目	
Art（艺术品类）	Art Blocks	Murakami Seeds
PFP（头像类）	BAYC	CryptoPunks
Virtual Land（虚拟实体资产类）	Sandbox	NFT Worlds
Game（游戏类）	StepN	Axie
Membership（会员资格类）	Proof	Premint
Social（社交类）	VeeFriends	
Music（音乐类）	Sound. xyz	Royal. io
Brand（品牌类）	Adidas	Nike
Tools（实用工具类）	ENS	Unstoppable
DeFi（金融类）	Uniswap	

（1）艺术品类。在 NFT 的初级市场，带有稀缺性的物品更容易被人接受，这样艺术品类 NFT 就有了很好的适用场景。并且单个艺术品的高价格，也使相关参与方有利益驱动来完成艺术品 NFT 全链条的活动。在唯一性可以保障的前提下，艺术品的形式变得不那么重要，数字形式的艺术品反而带来更多的好处。

（2）头像类。PFP 是 profile picture（个人资料图片）的缩写，通常称为头像类。PFP 流行的一个很大原因是 NFT 的创建群体属于 IT 信息技术领域，这些人更容易接受这些 PFP。目前，虽然 NFT PFP 应用场景还不多，仅在微信朋友圈、Twitter、Discord 等应用中已经有人使用。其他很多社交媒体平台也正计划在其应用程序中采用 NFT PFP。当前，NFT PFP 的最主要问题是持有者购买的 NFT PFP 可以被复制，一些应用的产品经理开始考虑这个问题。例如，Twitter 将验证 NFT 个人资料图片，如果有效，用户将获得六边形轮廓，这使用户能够很好地分辨该 NFT PFP 的使用者是不是持有者，同时持有者也有了可以炫耀的资本（满足了用户的某种需求）。

（3）虚拟实体资产类。因为元宇宙概念的流行，造成元宇宙世界中的 NFT 资产也开始流行。这类资产有点像现实世界的实体资产，其实用场景也和实体资产相似。例如，NFT 虚拟土地是元宇宙平台上可拥有的数字土地区域。这些土地由游戏平台提供技术支持，用户可以自由创作，数字土地完全是用户所有。当用户可以完全拥有该数字土地时，就可以获得 NFT 带来的所有权收益。例如，能够将 NFT 土地用于广告、社交、游戏和工作，以及其他用途。

（4）游戏类。游戏中的头像、游戏装备和游戏卡等数字资产在变成 NFT 形式后，会更有吸引力，其独特性、永久性、稀缺性可证明等特性，对于提升游戏内物品价值无疑具有巨大的意义。

此外，因为 NFT 的数字形态，也更容易和这些电子游戏相结合，并且区块链游戏中的经济激励也促进了更多的人加入这个行业，游戏从以前的简单娱乐功能，演变成部分人的工作内容。

例如，菲律宾每天玩 NFT 游戏的人数多达 100 万，这期间产生的收入甚至超过了他们从事其他工作的工资收入。此外，一些 X to Earn 游戏也可以直接让参与者获得超过工作收入的经济收益，从而实现了"娱乐 + 工作"两种职能。

（5）会员资格类。"会员"这个词在 Web 2.0 中已经存在了很长时间。然而，用户的隐私、数据处理和所有权仍然是关键问题。NFT 会员卡通过解决上述问题来潜在地改变会员体验，NFT 会员卡使用户能获得去中心化认证、数据所有权、执行智能合约等一系列区块链技术带来的好处。NFT 的价值属性也会推动人们在更多的生活场景中使用区块链应用。

（6）社交类。具备社交属性的 NFT 可以为持有者提供包括参加在线和面对面社交聚会在内的诸多权益。随着 NFT 变得越来越流行，诸多社交网络应用正计划使用 NFT 作为媒介。一个成功的社交 NFT 项目需要有影响力的人员（Kol）及其活跃的社区。例如，VeeFriends NFT 由 Gary Vaynerchuk 创建，他是一位有影响力的 YouTuber 和企业家。通过拥有 VeeFriends NFT，所有者立即成为 VeeFriends 社区的一员并获得 VeeCon 的访问权限。不同 VeeFriends 的 NFT 持有者可以参与 Gary Vaynerchuk 举办的不同社交活动。

（7）音乐类。音乐 NFT 中快速增长的生态系统也很引人注目。粉丝奖励和版税是 Web 2.0 和 Web 3.0 音乐收藏品之间的两个显著区别。许多平台旨在创建一个更具协作性的音乐市场或流媒体平台。例如，尽管拥有音乐 NFT 的所有权，但 sound.xyz 还授予持有者对歌曲发表公开评论；艺术家可以在 Pianity 上将他们的音乐分成 4 个稀缺级别，从而使独特的版本更有价值。至于版税，Royal.io 和 Rocki.com 等平台允许收藏家以 NFT 的形式投资流媒体版税。换句话说，流媒体产生的收入将根据版税分成，NFT 持有者可以根据其持有比例获得。

（8）品牌类。NFT 具备作为未来数字资产的潜力，并且该领域的火爆让各大品牌纷纷涌入 NFT 领域。在这些品牌中，阿迪达斯和耐克是其中的佼佼者。耐克通过收购 RTFKT 进入 NFT 领域（RTFKT 是元宇宙数字运动鞋资产公司），它们使用最新的游戏引擎和 NFT 技术来创造一种数字运动鞋。例如，RTFKT 设计了许多酷炫的 3D 耐克鞋 NFT，允许所有者"穿"并在 Snapchat 等社交媒体上展示。

（9）实用工具类。NFT 还可用于与域名、邮箱等服务集成，并且可以为这些使用工具带来区块链的新特征。例如，Ethereum Name Service（ENS）将可读的名称映射到区块链和非区块链资源机器可以辨识的标识，如 Ethereum 地址等。简单来说，ENS 是把 .eth 域名解析为以太坊地址。ENS 可以让以太坊地址更容易记忆，ENS 域名可以在二级市场上买卖。

（10）金融类。在 Uniswap V3 上，流动性提供者（LP）头寸表示为 NFT，而不是 Uniswap V1 和 Uniswap V2 上的同质化 ERC20 代币。根据在流动性提供界面上选择的池和参数，可以铸造一个独特的 NFT，代表特定池中的位置。Uniswap NFT 显示有关用户的流动性头寸的最重要信息，包括交易对、所选层级、Token 符号和池地址。NFT 所有者可以在 Uniswap V3 中修改、赎回甚至出售头寸。

6.3 NFT 代表项目、交易平台与常见提问

NFT 在蓬勃发展中出现的一些代表性事件，在其发展史中有重要的意义，随后出现的交易平台更促进了 NFT 相关生态的发展。

1. 具有代表性的 NFT 项目

1）加密猫（CryptoKitties）

加密猫是 2017 年上线的区块链游戏，最初发行了 50 000 个智能合约生成的加密猫 NFT，也就是初代猫，每个 NFT 都有不同的属性。玩家购买 NFT 后，就可以开始小猫繁殖的游戏。产出的小猫的基因一部分遗传自上一代，一部分随机生成，产出的小猫卖出变现，实现在游戏中边玩边赚。游戏上线至今，玩家持续产出小猫，目前市场上已经有超过 200 万只小猫 NFT，持有人数超过 12 万。小猫在繁殖过程中，基因突变还有可能产出非常稀有的小猫，如花式版、特别版和独家版的小猫。相关项目信息如图 6-3 所示。

加密猫产生的影响：产生了 NFT 的标准协议 ERC721，造成以太坊的拥堵。

2）密码朋克（CryptoPunks）

Matt Hall 和 John Watkinson 早在 2017 年就建立了一个程序，出于对先进技术和艺术表达融合的理念，他们以 8 位像素艺术的风格创建了 10 000 张 24×24 图像，这其中有 9 000 多张图像都是人类男性和女性的形象。剩下的就是外星人、类人猿，甚至还有僵尸。这些图片的配件和人类图像相比要多，图像中的

配件越多越稀有。

图6-3　截至 2022 年 5 月加密猫官网公布的数据

2017 年，这些早期的 NFT 加密艺术作品以 1~34 美元的价格出售，如今最罕见的 NFT 的价格高达数百万美元，最高的一笔销售额高达 1 170 万美元。因此，密码朋克成为第一批被广泛认可的 NFT 收藏项目。OpenSea 交易平台上展现的部分密码朋克的 NFT 头像如图 6-4 所示（从相关的价格上看，大都在几十个以太币，相当于几十万元）。

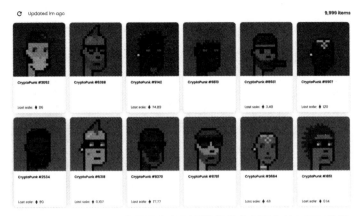

图 6-4　OpenSea 交易平台上展现的部分密码朋克的 NFT 头像
（2022.8 截图）

3）无聊猿（BoredApe）

无聊猿由 YugaLabs 创造，很可能是有史以来最好的 NFT 项目。在技术层面，该项目将 10 000 张小图像初始运行，然后作为 NFT 铸造。同时，区块链技术为 NFT 提供了一些特殊属性。其中一批 NFT 的价格非常高，交易量超过 7.5 亿美元。拥有这些 NFT 的人可以利用它们获得特殊服务的钥匙卡，如一个私有的 Discord 服务器。Twitter 上新的区块链支持在配置文件中使用这些图像。无聊猿 NFT 所有者中很多都是公众人物，他们通常被视为一个紧密团结的俱乐部，其成员具有独特的艺术精神。

OpenSea 交易平台上展现的部分无聊猿的 NFT 头像如图 6-5 所示（从相关的价格上看，大都在几十个以太币，相当于几十万元）。

OpenSea 交易平台上市值排名前十的 NFT 项目如图 6-6 所示。

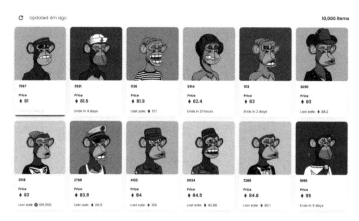

图 6-5　OpenSea 交易平台上展现的部分无聊猿的 NFT 头像
（2022.8 截图）

Collection	Volume	24h % ▾	7d %	Floor Price	Owners	Items
1　CryptoPunks	◆ 983,484.29	-100.00%	+8.39%	---	3.6K	10.0K
2　Bored Ape Yacht Club	◆ 647,310.77	+15.61%	-36.54%	◆ 81	6.4K	10.0K
3　Mutant Ape Yacht Club	◆ 441,153.49	-2.07%	+28.33%	◆ 13.6	13.0K	19.4K
4　Otherdeed for Otherside	◆ 332,516.06	+43.81%	+29.22%	◆ 1.82	34.6K	100.0K
5　Art Blocks Curated	◆ 304,966.81	-15.11%	+3.95%	---	12.2K	59.3K
6　Azuki	◆ 257,371.28	+1.87%	+57.70%	◆ 6.5	5.1K	10.0K
7　CLONE X - X TAKASHI MURAKAMI	◆ 224,535.4	+270.96%	+0.82%	◆ 6.75	9.5K	19.4K
8　Decentraland	◆ 175,743.39	-62.81%	+738.40%	◆ 1.69	7.5K	97.7K
9　Moonbirds	◆ 165,589.78	+4.65%	+34.66%	◆ 12.2	6.6K	10.0K
10　The Sandbox	◆ 160,125.63	-46.91%	+57.34%	◆ 1.29	21.7K	164.8K

图 6-6　OpenSea 交易平台上市值排名前十的 NFT 项目
（2022.8 截图）

4）艺术家 Beeple 的《Everydays — The First 5000 Days》

《Everydays — The First 5000 Days》这幅拼贴画是由 Beeple
本人从 2007 年 5 月 1 日至 2021 年 1 月 7 日每天在网络上发布的

所有 5 000 幅画拼贴而成，这 5 000 幅画多半以抽象、奇幻、怪诞风格绘制，其中充满了 Beeple 本人这 5 000 天以来对时事、社会的反思。其中，已逝美国流行音乐天王迈克尔·杰克逊（Michael Jackson）、社群媒体 Facebook 创办人马克·扎克伯格（Mark Zuckerberg）、美国前总统特朗普、朝鲜领导人金正恩等都有入画。

《Everydays — The First 5000 Days》NFT 于 2021 年 3 月 11 日在佳士得（Christie's）拍卖，以 6 934 万美元售出，让"NFT 数位艺术"就此正式走进大众的视野。这是当时售价最高的 NFT 商品，如图 6-7 所示。

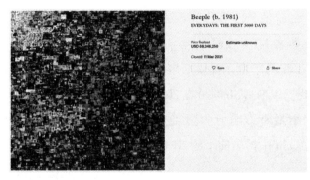

图 6-7　《Everydays – The First 5000 Days》介绍图片

5）与 Twitter 相关的 5 个单词——最贵的几个单词

2021 年 3 月 23 日，由社交媒体推特（Twitter）联合创始人、首席执行官杰克·多尔西（Jack Dorsey）发出的第一条推文，以非同质化代币（NFT）的形式拍卖，最终以超过 290 万美元的价格出售。这条推文已有 15 年"历史"，是多尔西在 2006 年 3 月首次发布的，上面写着"刚刚建立我的推特（just setting up my twttr）"。相关的 NFT 商品如图 6-8 所示。

图 6-8 杰克·多尔西的首个推文

　　购买者是加密货币创业者 Sina Estavi，虽然后来的一次拍卖失败，当时 Sina Estavi 打算在拍卖平台上出售这个 NFT，他开出的价格是 4 800 万美元，直到拍卖结束一共收到 7 次出价，最高为 0.09ETH（约 277 美元），最低为 0.001 9ETH（约 6 美元）。

　　以上 5 件 NFT 作品或项目集非常有代表性，既让我们看到了 NFT 的价值，也感受到了疯狂和不可思议。

　　2. 著名 NFT 交易平台

　　NFT 交易平台是提供众多 NFT 商品展示和流通的重要生态设施，我们以 TokenInsight 在 2022 年 5 月发布的分析报告为参考，主要介绍最有影响力的两家交易平台 OpenSea 与 LooksRare。TokenInsight 中排名前十的 NFT 交易平台如图 6-9 所示。

图6-9 TokenInsight 中排名前十的NFT交易平台（2022年5月数据）

1）OpenSea 交易平台（https://opensea.io/）

OpenSea 成立于 2017 年，总部设在美国纽约，由毕业于布朗大学的 Devin Finzer 和毕业于斯坦福大学的 Alex Atallah 创立。出于对 CryptoKitties 投资级数字收藏品浪潮的着迷，OpenSea 的两位创始人 Devin Finzer 和 Alex Atallah 迅速进入该领域，并于 2017 年 12 月推出了 OpenSea 测试版，在以太坊区块链上的第一个 NFT 开放市场就此诞生。发展至今，OpenSea 平台拥有 200 多万种数字收藏品，8 000 多万种 NFT 产品，用户数量超过了 100 万。

狂热的市场让 NFT 龙头平台汇集了全球的流动性。自 2017 年 12 月推出以来，OpenSea 已处理了价值超过 227 亿美元的交易，位于各 NFT 交易平台之首。

OpenSea 发展 5 年，经历了 5 轮共 4 亿多美元的融资。OpenSea 的融资历史如表 6-2 所示。

表 6-2　OpenSea 的融资历史（数据来源：Crunchbase.com）

日期	轮次	融资金额	公司估值	投资机构
2018	种子轮	12 万美元	180 万美元	Y Combinator
2019.11	天使轮	210 万美元	——	Foundation Capital、The Chermin Group、Founders Fund、Coinbase Ventures、Blockchain Capital、Blockstack、The StableFund、1confrmation 等 8 家机构参与
2021.03	A 轮	2 300 万美元		Andreessen Horowitz (A16Z) 领投
2021.07	B 轮	1 亿美元	15 亿美元	Andreessen Horowitz (A16Z) 领投
2022.01	C 轮	3 亿美元	133 亿美元	Paradigm. Coatue Management 等

OpenSea 主要依靠交易手续费营利，其收入与平台交易量高度相关。除了在一般 NFT 交易中向交易买方收取 2.5% 的交易手续费之外，OpenSea 的营业收入还包括在游戏道具发行中向游戏项目方收取的佣金，以及在艺术品收藏拍卖中向买卖双方收取的佣金。与其他 NFT 平台相比，目前 OpenSea 收取的佣金比率相对较低。

2）LooksRare 交易平台（https://looksrare.org/）

LooksRare 是一个以社区为中心的 NFT 交易平台，LOOKS 是支持 LooksRare 的代币。LooksRare 将允许用户以 ETH、WETH 为 Token 交易 NFT，使用 WETH 对 NFT 进行报价，支持 NFT 创作者即刻领取版税（WETH 为支付方式）。此外，用户在该平台交易符合条件的 NFT 作品可获取奖励。LOOKS 质押用户还可获得平台全部的交易费用收益。

LooksRare 与 OpenSea 主要有以下几点不同：

（1）LooksRare 对每一笔交易收 2% 的费用，而 OpenSea 则是 2.5%。

（2）LooksRare 所收的费用将用于 LOOKS 代币的质押奖励（可以理解为一种变相发放代币行为），而 OpenSea 则将费用全部用于团队留存。

（3）LooksRare 中的创作者在售出作品时可立刻收到版税费，而 OpenSea 则需两周之久。

TokenInsight 的 LooksRare 交易平台上交易统计信息（2022 年 5 月数据）如图 6-10 所示。

3. 对 NFT 的常见提问

笔者选取了网上和周围朋友提出的一些有代表性的提问，并且可以从理论层面讲清楚逻辑的问题。

交易平台

在LookRare上，97%的交易量来自于免版税的交易，其中大部分是用来刷空投的。

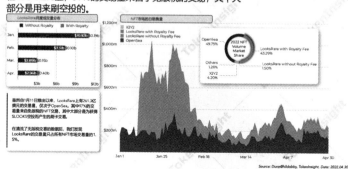

图 6-10　TokenInsight 的 LooksRare 交易平台上交易统计信息（2022 年 5 月数据）

（1）如果一件 NFT 是图片，人们可以截屏或另存为一个副本，为什么需要 NFT？

这个问题源于 Web 2.0 时代的习惯和当前的 Web 3.0 建设没有完善。在 Web 2.0 时代，无论用户使用截图或另存副本都不会影响一张图片的使用。但在出现能够区分图片唯一性的技术后，那些针对拥有所有权的操作就可以进行了，如拍卖、出售使用权、租赁，包括后面介绍的 NFTFi 中所有的金融操作，都是对于可区分所有权的物品才可以进行的。其实，对于音乐、视频等所有容易复制的数字产品都存在这个问题，在 Web 3.0 时代有价值的独特事物都可以铸造成 NFT，这样是为了在数字世界标识所有权，以至于获得相关收益。

（2）一张图片卖几十万元，还那么难看，怎么评估 NFT 的价值呢？

如果我们能够理解问题(1)，就认可 NFT 产品应该具有价值。

但价值该怎么评判，有很多种维度。决定一个 NFT 价格有两个重要影响因素。①价值判断：是否美观，是一个人人都可以进行的判断，而且这个判断很主观，会因人而异。此外，还会有使用价值、营销价值、避险价值等，只要有一种价值满足了买家的需求，就可以形成较高的价格。②买方数量：对于 NFT 产品，不管价格是多少，只要全世界有一个人认可，就可以成交，形成成交价格。这两点原因就是 NFT 产品的价格形成基础，不需要其他人的一致认可。

例如，当前购买一个价格特别高的 NFT 图片，产生的传播效果就非常有价值，如果从这个角度看，只花几十万元就可以为一个公司做一次全球营销活动，相信很多的企业负责人都认为这次营销是非常有价值的，更何况这个 NFT 还有其他价值等待以后的发现。

（3）NFT 只能用于数字产品，是否可以用于物理资产？

当前 NFT 更多用于数字产品是因为数字产品更容易在网络上交易，并且数字产品可以和 NFT 的数字属性直接关联。如果用于物理资产，则需要先解决这个物理资产的数字化工作，这样才可以形成 NFT 产品，物理资产的所有权相关信息才可以和发行的 NFT 相关联。这是技术发展的阶段问题，待技术成熟，物理资产的数字化建设更成熟后，会有更多的物理资产成为 NFT。

NFT 的一个重要作用是标识一个事物（虚拟或实体的都可以），并为这个事物赋予一组属性和功能（通过智能合约），从而使这个事物具有一些能力，如收取租金的能力、收取版权的能力、抵押换取资金的能力。

（4）网上的很多 NFT 卖了很多钱，是否会纳税？

这个问题和 NFT 本身事物关系并不紧密，是否纳税取决于买卖双方的属地政策和销售平台的属地政策。在新事物的发展前期，传统的管理方式一般都会滞后，如果形成规模，并产生更大的影响力，一定会被要求纳税。从数字货币 FT 在一些国家的监管政策中，我们就看到了和纳税相关的条例。

此外，数字产品的纳税是很容易建设的事情，在 NFT 的交易中，只要绑定纳税智能合约，就可以在交易中自动进行扣税操作。但如何扣税，具体的计算方式、属地法律政策的认定，都需要较长的建设时间。

（5）为什么数字所有权很重要？

这个问题，从这本书中会得到很好的答案，Web 3.0 时代是一个数据所有权清晰的时代。一切围绕数据产生的价值都会涉及所有权问题，所有权直接决定着相关的经济价值，所以数字所有权很重要。

在数字所有权清晰，并且可以进行自动化运行多种功能的情况下，Web 3.0 领域的应用会呈现出与以往时代非常不同的特点。我们把 Web 3.0 时代称为价值互联网时代也包含这个因素，这些数字所有权是构建价值时代的基础。

6.4　NFT 铸造与发行、交易、存储

在没有 NFT 交易平台前，铸造、发行 NFT 是一件需要很多技术的工作，需要技术人员参与，发行方自己开发相关的智能合约，提交自己的 NFT 数据到底层区块链平台。

有了 NFT 交易平台后，这些基础和标准的工作都由平台来提供。每个人发行一个 NFT 变成了一件很容易的事情，任何人都可以通过以下几个步骤来铸造 NFT（我们以 OpenSea 交易平台的流程为演示环境）。

1. 铸造与发行

首先，准备好制作 NFT 的文件。NFT 可以支持一系列文件，如可视化文件（JPG、PNG、GIF 等）、音乐文件（MP3 等）、3D 文件（GLB 等）。还需要准备一个数字货币的钱包（OpenSea 中使用以太坊钱包）。用户通过一个数字钱包，来购买、销售和创建 NFT 的加密货币。这个钱包还可以让你安全地在 NFT 市场中注册和创建账户。在拥有以太坊钱包后，需要购买少量以太币来支付相关环节的费用，这些费用是区块链上面的交易费，是支付到区块链系统的，成交后的手续费是平台收取的费用。

然后，使用 OpenSea 的交易流程进行说明。打开 Opensea.io 网站，连接好钱包后，单击屏幕右上角的"连接"按钮，用钱包进行登录操作，你的 OpenSea 账户就会立即生成。现在已经具备创建、铸造和销售第一个 NFT 所需要的准备工作。

最后，将文件上传到平台并填写资产描述。此时，创建者需要决定是要创建一个独立的 NFT 还是基于集合的 NFT。一旦所有这些都准备好了，就可以开始铸造流程，NFT 铸造的过程是让你的数字作品成为以太坊区块链上的数据。NFT 一旦被创建，就会被铸造出来。铸造好 NFT 后，就可以发行到交易平台，这样它就可以在市场上被交易，并在未来收藏者改变时进行数字化追踪，如图 6-11 所示。

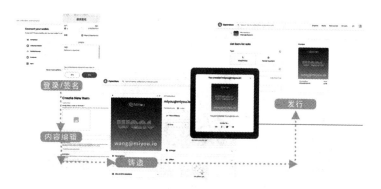

图 6-11　在 OpenSea 上铸造和发布一个 NFT 的流程

2. 交易 NFT

在 OpenSea 上交易一个 NFT 商品分为出售和购买两种操作。

（1）出售一个 NFT 商品。通过前面的步骤，在 OpenSea 平台上创建好一个 NFT 商品后，就可以用来出售。出售分为固定价格和拍卖价格两种，以固定价格为例，整个的交易流程如图 6-12 所示。

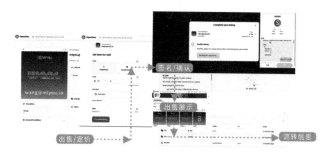

图 6-12　在 OpenSea 上出售一个 NFT 的流程

（2）购买一个 NFT 商品。购买 NFT 商品也很简单，首先，获取数字货币钱包并为其注资，然后在 OpenSea 上浏览商品，找到自己想要的 NFT 商品，立即购买或报价，在支付了款项后，就获得了一个 NFT 商品。整个的交易流程如图 6-13 所示。

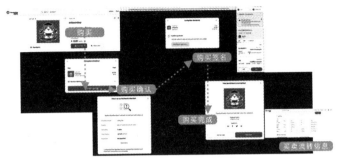

图 6-13　在 OpenSea 上购买一个 NFT 的流程

3. 保存 NFT

通过交易平台购买的 NFT 产品，不需要特殊的保存，它会存储在你的钱包资产中，NFT 信息是存储在区块链系统上的，之后的出售、出租、查看都可以通过区块链资产来查看。以太坊钱包账号下的 ERC721 资产如图 6-14 所示。

图 6-14　以太坊钱包账号下的 ERC721 资产

为什么会有人关心保存 NFT 的问题，很大一个原因是对区块链使用和区块链上的虚拟资产没有经验，希望有一个可以保存的实物感受。另一个很大的影响是国内的数字藏品给大家的误导，因为国内的数字藏品基本都在联盟链上，不能查阅和交易（因为政策原因没有放开交易功能），一些数字藏品平台关闭后，要求用户自己保存购买的图片类产品，还有的公告中甚至要求打印图片，这些操作都不是真正的 NFT 产品操作。

对于区块链上的 NFT 商品，认为是一种数字资产就可以了，像管理我们钱包中的其他数字货币 FT 一样进行管理。

6.5　NFT 金融

NFT 虽然只有 5 年的发展史，但其重要性和价值已经有所体现，已经成为加密世界中的重要元素。自 2021 年出现 NFT 热潮至今，NFT 的总市值已经达到近 200 亿美元，NFT 持有人的数量达到 225 万人（TokenInsight 2022 年 5 月报告）。

1. NFT 金融（NFTFi，NFT Finance）相关问题与早期生态

虽然 NFT 有很高的热度，但 NFT 非同质化和难以定价的特性，使 NFT 存在流动性低等问题。NFT 持有者除了在资金短缺时只能用较低的价格抛售，也会因为使用场景有限，估值困难而产生流动性损失。前面代表性项目中的与 Twitter 相关的 5 个单词的图片 NFT 销售困境就是一个典型代表。

为了解决 NFT 的这些问题，人们开始探索 NFT 相关的金融概念，试图通过金融化的方式解决 NFT 的流动性、可定价性等问题，这样增加了 NFT 的金融应用场景。一些公司和项目开始探索相关领域，针对 NFT 金融领域的一些问题，产生的解决方案与产品大致有以下几种。

（1）进入门槛过高的问题，可以通过聚合器解决。市场目前有 Genie 与 Gem 两个主要的 NFT 市场聚合器项目，钱包使用上可以借用 Moonpay 等中间商方式解决。

（2）资金利用率低的问题，可以通过借贷、租赁的方式解决。市场目前有 P2P 借贷协议 NFTFi.com、P2Pool 借贷协议 DROPS 与租赁协议 Doubles。

（3）分割和多拥有者问题，可以通过碎片化解决。市场目前有 NFTx、Fractional 等项目。从需求端来看，也可以通过具备安全性的资金众筹平台解决，让使用者在多签的环境下可以集中集资，共同管理集资的 NFT。

（4）定价模糊与预言机相关的问题，需要多重设计机制与节点资料提供方的运用才可以解决。市场上目前有 Banksea 与 Abacus 两个项目。

（5）在衍生品上，目前市场上尝试提高资金利用率的衍生品项目，但因为预言机机制尚未成熟，NFT 衍生品尚处于初级阶段。

NFT 金融相关服务商在借贷、投资收益管理、置换、出租、分割交易和衍生品方面已经产生初期规模。相关的生态图如图 6–15 所示。

2. NFT 借贷

NFT 的资金利用率低，可以通过借贷方案解决。借贷服务方需要解决 NFT 流动性分散、单价难以估计与潜在的清算问题，这样使 NFT 借贷不像主流的 DeFi 协议直接以 P2Pool 方式进行，而是分为 Peer-to-Peer（P2P）与 Peer-to-Pool（P2Pool）两种类型。

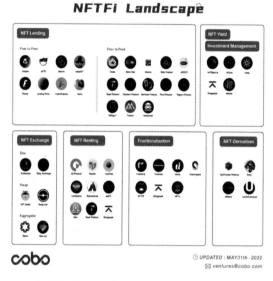

图 6-15　相关的生态图（图片来自《NFTFi 深度解析》）

1）P2P NFT 借贷协议

P2P 是贷方与借方彼此达成贷款协议后，借方用 NFT 作为抵押品向贷方借款的借贷方式。这样做的好处是用户可以自己制定借贷的规则与条件，但缺点是较为依赖专业的借贷知识，且这种手动匹配方式也会使匹配交易的时间较长，流动性无法充分释放。从原理上讲，NFT 资产会被锁定在 NFTFi 智能合约中，直至借款方还清贷款。当前这种方式的服务商有 NFTFi.com。

P2P 模式的优势：价格为供需双方的均衡点，并且任何形态的NFT都可以上架,不会因为单独某个NFT价格波动而互相影响。

P2P 模式的劣势:NFT 的利用率较低,因为交易周期比较长,同时双方的共同决议价格不一定是 NFT 的内在价值,导致 NFT 持有方可能会因为急需要钱,进而使用过于便宜的价格出售。在流动性与价格之间的取舍,让 P2P 的协议进入到买方权利过大的市场。

2) P2Pool NFT 借贷协议

P2Pool NFT 借贷协议是另一种借贷模式,对标 DeFi 赛道,类似 AAVE 与 Compound,其定价方式通常为预言机喂价或时间加权平均。从机制上说,贷款方向协议提供资金流动性,透过协议将这些资金分配给用 NFT 作为抵押的借款方。这种模式通常需要依赖价格预言机来实现,并且采用算法对 NFT 进行价值评估,因此只适用于价格有保障的 NFT,如 CryptoPunks(密码朋克)、BoredApe(无聊猿)等,难以采用无许可的方式开启资金池。P2Pool NFT 借贷协议有两种定价模式:DROPS 和 JPEG'd,本书不详细介绍它们的内容,感兴趣的读者可以参考文献中的报告了解细节内容。

P2Pool 模式虽然可以增进资金利用率,但常会因为预言机、定价模型或单边大行情导致仓位遭到清算而被迫进入拍卖场,倘若拍卖场因为流动性问题清算失败,则会导致清算金分配的问题。按照目前的运行逻辑,P2Pool 模式需要对参与借贷的 NFT 进行严格筛选,因此受众相对有限。

3.NFT 流动性解决方案

目前 NFT 流动性解决方案有以下几种方式:

（1）NFT租赁协议：租赁协议是指提供用户出租NFT给其他用户或者租借其他人NFT的协议。这让用户能够将闲置的NFT租借给他人赚取收益，同时不需要放弃对NFT的所有权，对于租借人来说也能用较低的金额获得NFT的使用权，从而增加流动性和资金利用率。当前这样的项目有Double。

（2）NFT流动池协议：流动池协议是指用户将自己的NFT存入一个流动池中，换取多个同质化的代币FT，而用户可以利用这些FT在二级市场交易，有兴趣的人也可以买回等量FT从而赎回流动池中的任何一个NFT。这种做法是将同一系列的NFT放入同一个流动池中，让用户可以选择要赎回或抵押的NFT，若发现价格高于流动池中平均的NFT即存在套利空间，这也是流动池价格发现的手段之一。流动池的交易方式提供给想要购买同一系列NFT的用户一个更快速的交易方式，无须通过出价或拍卖。当前这样的项目有NFTx。

（3）NFT资金众筹协议：资金众筹协议是为了集中资金，并提供安全购买NFT环境的协议，旨在解决NFT无法分割所有权的特性，让投资者不仅可以分散风险，还可以用更小的资金进入市场。当前这样的项目有Mesha。

4. 其他NFT金融工具

（1）NFT聚合器：严格意义讲，聚合器并不属于NFTFi范畴，但是在早期是可以让NFT流动性与可见度大幅度上升的重要基础设施，遂在此提出。当前这样的聚合器项目有Genie和Gem.xyz。

（2）NFT定价机制与预言机：当前有博弈论定价模型NFT自主计算预言机。

（3）NFT 衍生品：包含 NFT 期权平台、NFT 永续合约平台和 NFT 自动做市商。

NFTFi 的几种方式的差异对比如表 6-3 所示。

表6-3　NFTFi的几种方式的差异对比

指标　　方式	聚合器	抵押借贷	租赁	流动性池
NFT 持有者需放弃 NFT 所有权	是	否	否	是，但可赎回
交易所需时间	更快	P2Peer: 慢 P2Pool: 快	慢	中等（需铸造与交换代币）
交易资金门槛	视 NFT 而定	高	低	高
交易操作门槛	低	高	中等	高
资金效率	低	高	中等	高
优点	●可以比价 ●方便查询 ●可跨平台	●闲置资金借款 ●提升资金效率	●无须大量资金体验多个 NFT 的使用权 ●闲置资产收入	●提升交易速度 ●有套利空间 ●可交换 NFT

NFTFi 发展时间较短，虽然出现一些突破性项目，但还存在较多的使用问题和成熟度问题。如何对不同 NFT 进行独立评级，并建立流动性等问题，将会向市场共识与集中拍卖场的方向发展。NFT 的价值问题将会随着数字空间与实体空间更多的映射完成，从而增加 NFT 的种类和确定价值。不管如何，NFTFi 还需要较长时间的发展和多种使用场景的考验，NFT 金融比 FT 金融有更多的挑战和特殊性。

6.6　国内 NFT 应用的探索——数字藏品

国内在公有链的发展方面一直持谨慎态度，在监管层面没有有效方式的情况下，与数字货币相关的产业在国内都是禁止进行的。2022年是元宇宙、Web 3.0、NFT等区块链上层新应用蓬勃发展的一年，区块链在应用层面的影响越来越大。在数字藏品方面，国内给予了一定的宽松环境。2022年5月，中共中央办公厅、国务院办公厅印发了《关于推进实施国家文化数字化战略的意见》，作为推动实施国家文化数字化战略、建设国家文化大数据体系的一个框架性、指导性文件，为社会各界贯彻落实国家文化数字化战略指明了方向，也打开了数字藏品赛道新纪元。

1. 早期国内藏品的火爆场景

国内NFT/数字藏品的生态系统在不断构建中趋于多样化，不论传统大厂还是新兴中小企业，都在摸索NFT/数字藏品的机遇并加入其中。

随着NFT的火爆，腾讯、阿里巴巴、网易等国内互联网巨头纷纷入局NFT数字藏品市场，新华社、吉利汽车、中体产业等也相继推出NFT。2021年下半年迎来分水岭，改名为数字藏品，国内大厂数字藏品的底线是禁止二级市场交易。分水岭标志性事件为：2021年6月，阿里巴巴与敦煌美术研究所合作，发布了敦煌飞天与九色鹿两款NFT皮肤，此类皮肤一上市就被抢购一空，在二手交易平台"闲鱼"上，甚至被炒至150万元一个。2021年9月，支付宝又推出了一款售价只有39元的亚运会数字火炬，也很快被抢购一空。在这之后，阿里巴巴拍卖上的数字火炬的最高价升到314.9元，甚至有人愿意出价四位数来购买数字火炬。后来，闲鱼及其他二手交易平台开始处理这类 NFT。紧接着，阿里巴巴、腾讯等 NFT 发行方开始宣布将 NFT 更名为数字藏品。国内的数字藏品弱化了二次交易属性，这样符合监管标准。数字藏品更多地强调创作者的版权属性。

2. 国内藏品的发展现状

截至 2022 年 5 月 21 日，国内数字藏品平台总数已经突破 421 家；5 月第二周工作日平均藏品发行量超过 10 万件；5 月 18 日，仅鲸探、乾坤数藏、小度、千寻数藏等 8 家大平台的藏品发行量就达到 72 362 件。与海量的藏品发行量相对的，是国内相对单薄的用户数量。据东吴证券分析，国内现有数字藏品交易用户总量约 300 万人。行业规模扩大速度快过新用户增长速度所带来的后果即是，相比 2022 年 2-3 月，数字藏品市场情绪开始明显疲软，iBox、唯一、幻核等一批头部平台的藏品"行情"开始持续阴跌，许多中腰部平台甚至撑不到二级转赠开启，就直接"跑路"。并且行业的用户教育问题也很大，导致增量用户迟迟无法入场，形成假性存量竞争怪圈。

截至 2022 年 6 月 13 日，入局数字藏品领域企业数量为 589 家，该数量包括数字藏品平台数量及参与发行数字藏品的企业数量。国内藏品的特点如下。

（1）国内 NFT 市场弱化交易属性，突出确权、收藏功能。

（2）国内 NFT 市场更多称为数字藏品市场，突出 NFT 的版权确权与藏品功能，发展方向与海外 NFT 市场有所不同，主要是弱化 NFT 的交易属性，法律监管对 NFT 的二次流动交易有严格限制，防止炒作。

（3）互联网头部厂商、国有媒体涉足数字藏品市场。

（4）国内数字藏品发售基于联盟链为主，易于监管，去中心化程度较低。

国内数字藏品平台使用的区块链相关统计信息如表 6-4 所示。

表 6-4　国内数字藏品平台使用的区块链相关统计信息

NFT 平台	依托区块链	区块链类型	区块高度	TPS	开发公司
灵稀	京东智臻链	联盟链		2 万	京东
支付宝鲸探	蚂蚁链	联盟链		10 万	阿里巴巴
腾讯幻核	至信链	联盟链	65 722 599		腾讯
唯一艺术	以太坊、Polygon	公有链			
网易星球	网易区块链	联盟链		20 万	网易
百度希壤	百度超级链	联盟链	22 320 712		百度
一起 NFT	文昌链	联盟链			海文交（授权）
元视觉	长安链	联盟链		10 万	微芯研究院

来源：幻核 App、鲸探 App、唯一艺术 App、灵稀官网、网易星球官网和中泰证券研究所

3. 国内藏品的 SFT 场景

当前国内的一些收藏品应用发行的就是 SFT 场景。笔者以从鲸探购买的一个收藏品图片为例，来理解 SFT 的变化过程。鲸探上面的藏品，经常是发行 10 000 份，在宣传售卖的时候，这个藏品就是一个 FT，这个阶段是展示和宣传，用一个图片介绍就可以展现 FT 的全部特征，用户购买后，就变成了 NFT（也可以认为是 SFT），如图 6-16 所示。

（a）展厅中藏品　　　（b）展现时是 FT　　　（c）购买后是 NFT

图 6-16　一个 SFT 的生命周期过程

6.7　NFT 未来发展

同质化代币（FT）已经比较成熟，已经产生丰富的应用，现实世界和虚拟世界的使用量都会非常大。

NFT 随着收藏品的第一波热潮，会推动技术的成熟，随着 Web 3.0 的发展，在今后的 Web 3.0 应用、游戏和元宇宙世界会被大量使用。与 NFT 相关的协议也在发展中。例如，可拆分的 NFT 协议 EIP-3664、可组合 NFT 协议 EIP-998、与 NFT 版权相关的 EIP-2981、可租赁 NFT 的 EIP-4907，都是 NFT 生态的不断完善。现实世界中的很多独特事物，如房子、证书等物品会越来越多完成和虚拟世界的数字物品的映射，并推动现实世界物品的更多数字化操作。例如，产权的变动、更多样化的抵押、使用中更多样化的付费等应用场景的产生。

SFT 会在 FT 和 NFT 普及后得到更大范围的使用，有些场景下表现为 FT，有些场景下表现为 NFT。

总体来说，NFT 的未来表现在以下几个方面。

1. 有非常广阔的空间

当前无论从国外的 NFT 市场，还是从国内数字藏品的应用来看，未来 NFT 在艺术收藏品、版权、生活、游戏等众多领域都有非常大的想象空间和应用前景。NFT 的可编程性会为其提供丰富的功能，从而有广阔的应用场景。

在近期，xFT 在 Web 3.0 领域应用增长很快，而且这些应用只是未来应用空间非常小的一部分，后期的 FT、NFT 都有着更多形式、更多种类、更多深度的应用空间。在远期，价值互联网和元宇宙的领域，FT、NFT、SFT 会构成这些领域的基本元素，代表现实世界中的各种事物。在数字世界，FT、NFT、SFT 是基本元素，在这些基本元素之上会构建出更丰富的应用场景。

2. 发展需要一个过程

有的应用在短时间就会爆发，会产生大量的泡沫应用。例如，当前在 OpenSea 上面的 NFT 销售品，不仅价格奇高，而且会有多种漏洞，这些现象产生的危害会导致更强的监管策略，有可能会限制 xFT 的短期发展。

有些 NFT 的应用因为会挑战现有的法律与制度，所以会使其发展受到一定的阻力，需要给社会和各种机构以适应的过程。例如，各种数字货币、数字货币交易所（尤其是去中心化的交易所）带来的洗钱、灰色产业等问题都需要社会法制和管理机构的适应。

3. 交易风险

（1）海外 NFT 市场交易多以加密货币为主，加密货币波动较大，且在国内明令禁止，存在 NFT 项目价值随加密货币币价涨跌大幅波动的风险。

（2）炒作严重。NFT 市场由于处于初期，存在虚假交易、自买自卖、虚假信息等多种情况，大量 NFT 项目有较大的泡沫。

（3）海外 NFT 项目基于的区块链公有链存在被攻击、瘫痪等可能，用户持有的 NFT 由于去中心化，一旦丢失较难追回。

4. 政策风险

（1）国内 NFT 市场监管较严，存在平台由于违规违法操作导致下架的风险。

（2）由于 NFT 为新兴行业，政策仍在完善中，存在后续监管政策进一步落地，导致现有平台由于违规无法继续开展业务的风险。

虽然当前 NFT 的发展还存在不少问题，但 NFT 的独特性和可编程性使 NFT 未来的应用前景更广阔，能够构建丰富的 Web 3.0 应用。

Web 3.0 时代的组织机制——DAO

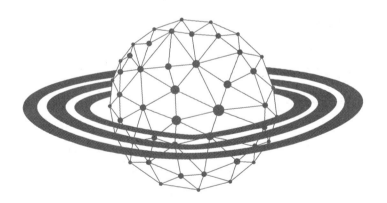

2020 年前后，区块链的各种应用都得到了快速发展，一些项目的复杂性和功能不断提高，不少具有实用性的 Web 3.0 应用开始被广大用户接受。这些繁荣推动了链上治理的需求，这是 DAO（去中心化自治组织）得到发展的一个重要原因。经过近两年的应用和实践，DAO 技术和产品有了一定的积累，呈现出越来越重要的作用。

7.1　DAO 的发展演变

7.1.1　DAO 相关的基础概念

为了理解 DAO，还需要了解相关概念：AA（自治代理）、DA（去中心化应用）、DO（去中心化组织）、DAC（去中心化自治公司）。去中心化组织到底是什么？组织和应用程序之间有什么区别？是什么机制在支持自治？通过研究这些相关概念，我们会对 DAO 有比较深入的了解。

1. 智能合约是去中心化自治的基础

智能合约是去中心化自治的最简单形式，可以简单概括为：智能合约是一种涉及数字资产和两方或多方的机制，其中部分或全部参与方将资产放入其中，资产自动根据基于合约中设计的规则在各方之间重新分配。但智能合约的能力比较简单，去中心化自治还需要更多的功能模块。

2. AA（Autonomous Agents，自治代理）

AA 属于一种自动化范畴。只有制造 AA 需要人的参与，一旦运行就不再需要任何人的参与，只要触发条件满足就可以执行。现实中的计算机病毒就是这样的一个例子。AA 如果可以产生正向的收益，就会有人通过扩大这项服务的设施来提供更多的服务，这是非常有益的一个应用场景。

完全有自主意识的智能物体或超级的人工智能，只出现在科幻小说中。当前存在的 AA 是像计算机病毒那样仅具有单一目的，这样的 AA 能够大量存在和复制，并且在软件进化中升级自己。

因为 AA 要生存在一个复杂、快速变化且充满敌意的环境中，通常创造一个有生命力的自治代理非常困难。因为有利益的驱动，一旦某些服务商有利可图，便会用一些作弊的方法（这样获利会更加丰厚）替换这些正常的自动代理。因此 AA 这个"物种"，必须具有检测作弊节点，并从系统中剔除作弊节点的能力。

3. DA（Decentralized Applications，去中心化应用）

DA 类似于智能合约，但在两个关键方面有所不同。首先，DA 在市场的各个方面都有无限数量的参与者；其次，DA 不一定是金融应用，它的应用范围更广泛。

通常 DA 分为两类，第一类是完全匿名的 DA。在这类应用中，节点是谁并不重要，每个参与者本质上都是匿名的，系统由一系列即时原子交互组成。第二类是基于信誉的 DA。在这类应用中，系统会跟踪节点，节点需要维护应用内部的状态来保证确保信任关系。

区块链是 DA 中的一个特殊类别，它们有自己的生态系统，并且还有经济模型的激励。

4. DO（Decentralized Organizations，去中心化组织）

一般来说，人类组织可以定义为两件事物的组合：一组财产，一组相关协议。这些组织会根据成员的不同而分成不同的类别，组织内的成员会互动，还可以根据不同的规则使用组织内的财产。例如，一个简单的公司组织，可以有投资者、员工和客户三类成员，他们会按照公司运行的原则，在组织内外负责相关的工作，以保证组织的运行。

DO 采用了相同的组织概念，并将其去中心化。DO 不是由人和相关的管理层级来运行的，而是由一组代码确认的协议相互交互，并在区块链上强制执行。DO 是依赖于代码的可靠执行，而不是通过法律制度来保护财产。

5. DAO（Decentralized Autonomous Organizations，去中心化自治组织）

现在我们开始了解 DAO 这个概念，DAO 和 DAC 之间的定义有些模糊，一般认为 DAC 是 DAO 的子集。理想的 DAO 被描述为：一个生活在互联网上并且能够自治的实体。这个实体目前还依靠人的参与来完成自动机制无法完成的某些任务。还有一种说法也比较容易理解：DAO 可以被描述为一个带有资本的组织，其中软件协议为其操作提供基础功能，将自动化置于其核心，将人的参与置于其边缘。

通过上面的定义，我们看到实际上不关注什么不是 DAO，而是关注 DO、DA 或 AA。

首先，DA 和 DAO 的主要区别在于 DAO 有内部资金，即 DAO 包含有价值的内部属性，并且它有能力使用该属性作为奖励某些活动的机制。

其次，DO 和 DAO 之间的明显区别就是"自治"这个词。也就是说，在 DO 中，由人类来作出决策，而 DAO 是以某种内部规则为自己作出决定。这个区别非常重要，因此不会受到某个个体的控制，这是 DAO 的价值所在。DO 和 DAO 都容易受到串通攻击，串通攻击的目的是控制组织的活动。不同之处在于：在 DAO 中，串通攻击被视为错误，而在 DO 中，它们是一个特性。

以比特币为例，在通常情况下，它更接近于 DAO 而不是 DO。然而，2013 年，因为升级发生了攻击，一些矿工故意进行了 51% 攻击，社区认为这是合法的，这样就使比特币成为 DO 而不是 DAO，其中的主要原因是比特币在自治方面存在缺陷。

然而，其他人并不满足于将比特币归类为 DAO，因为它还不够"聪明"。比特币不会思考，不会出去"雇佣"人，除了挖矿协议，它遵循简单的规则，升级过程更像 DO 而不是 DAO。持这种观点的人认为 DAO 具有高度自主智能。但是，这种观点的问题是必须区分 DAO 和 AA/AI。这里的区别可以说是这样的：AI 是完全自主的，而 DAO 仍然需要人类根据 DAO 定义的协议进行专门交互才能运行。我们可以对 DAO、DO、AI 和第四类普通旧机器人进行分类，DAO——自动化在中心，人类在边缘。因此，总的来说，将比特币和 Namecoin 视为 DAO 是最有意义的，尽管它们几乎没有跨过 DA 标记的门槛。另一个重要的区别是内部资本。没有内部资本的 DAO 就是 DA，没有内部资本的组织就是论坛。图 7-1 中的 DC 是"去中心化社区"；一个例子可能是去中心化的 Reddit，有一个去中心化的平台，但围绕该平台也有一个社区，社区或协议是否真正"负责"有点模棱两可。DAO 象限示意图如图 7-1 所示。

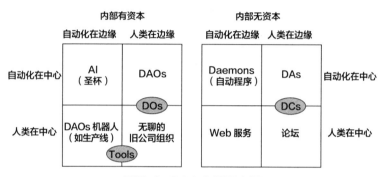

图 7-1 DAO 象限示意图

6. DAC（去中心化自治公司）

DAC 是一个较小的分类，基本上是 DAO 的子类。最早提出 DAC 概念的主要代表人物是 Daniel Larimer，他对 DAC 的观点是：DAC 支付红利。也就是说，DAC 中有一个股票概念，可以以某种方式购买和交易，这些股票可能赋予其持有人基于 DAC 成功的持续收益的权利。DAO 通常是非营利的，虽然你可以在 DAO 中赚钱，但要做到这一点的方法是参与其生态系统，而不是向 DAO 本身提供投资。不过两者之间的区别经常是比较模糊的，DAO 内部也可以拥有资本，它们之间的区别更像是一种流动性的区别。

通过上面的几个基本定义，我们会理解 DAO 以及与 DAO 相关的概念。这些概念的定义，有些还不够清晰，还可能有错误，此外，DO 在成为 DAO 之前必须具备什么样的自动化是一个非常难以回答的问题。鉴于 DAO 是一个刚刚开始建设的新事物，它需要一个完善过程。

7.1.2 DAO 与公司的区别

DAO 明确指定了比"组织"的典型定义更广泛的东西：一个将人们聚集在一起并朝着共同目标努力的社会群体。因此，Vitalik 将 DAO 定义为"一个生活在互联网上并自主存在的实体，但也严重依赖于雇佣个人来执行自动机本身无法完成的某些任务"。Richard Burton（前以太坊成员）更加明确："DAO 是一种奇特的说法，即生活在以太坊上的数字系统。"为了让大家更容易理解 DAO，我们用传统公司来对比说明。

1. 传统公司和 DAO 的主要区别

建立传统公司时，用户和公司的利益相关者是两个不同的群体。他们关心不同的事情：用户想要一个伟大的产品，而股权持有者想要更多的利益，这样驱使公司选择适合股东的管理者，来经营和管理公司，以完成营利任务。这样的领导并不一定要专注于为用户构建出色的产品，他们一般会关注用户与股东利益的平衡。如果产品受到喜爱，尽管在领导力、所有权和激励协调、治理和执行方面存在问题，公司仍能取得较大成功。对于用户，通常不关心公司的创建者是谁、关键利益相关者拥有多少股权、所有权如何分散，以及团队如何作出决策和执行等事情。在公司中，用户和利益相关者是两个群体。

在区块链产品中，用户和利益相关者通常是一个群体。数字货币的用户实际上非常关心项目的领导、所有权、治理和执行，因为他们的经济激励与产品的使用相关。鉴于加密货币基于开源代码并且转换成本极低，数字货币只有与拥有和使用它们的社区一样成功才更有价值。社区的实力和规模决定了加密货币能获取多少价值。

公司与 DAO 的主要区别如图 7-2 和图 7-3 所示。

图 7-2　公司与 DAO 的主要区别

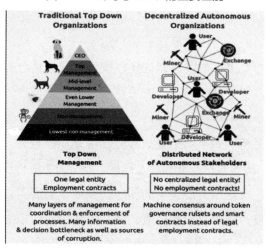

图 7-3　另外一种表达 DAO 与传统公司的区别（资料来源：BlockchainHub）

Chris Dixon（硅谷风险投资公司 Andreessen Horowitz 的普通合伙人）提到在网络时代，公司发展存在一个核心问题：公司的需求和网络的需求之间存在根本性的错位。企业拥有的网络遵循可预测的生命周期，如图 7-4 所示。

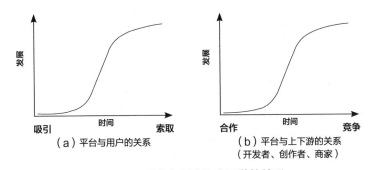

图 7-4　平台与用户和上下游的关系

当公司刚成立时，它们试图吸引用户和上下游的支持者，如软件开发人员和创意人员、商务人员。随着公司越来越受欢迎并在 S 曲线上移动，它们对用户和上下游的影响力稳步增长。当它们达到 S 曲线的顶部时，它们与参与者的关系从"正和博弈"变为"零和博弈"。继续增长的最简单方法是从用户和上下游资源中竞争资金和数据。这方面最著名的例子是微软与网景、Facebook 与 Zynga，以及 Twitter 与第三方客户，这种情况每天都在某些领域中发生，但包括了几乎所有运营网络的公司。

2. 传统企业为什么存在

经济学家通常认为公司存在的主要原因有两个：最小化交易成本、聚集资本和人员。1937 年，罗纳德·科斯（Ronald Coase）在他的著名论文《公司的性质》中写到了公司将交易成本降至最低的能力。75 年后，Nicholas Vitalari 和 Haydn Shaughnessy 撰写了关于该公司在 Elastic Enterprise 中聚集资本和人员的能力。除了经济论点之外，一些人认为公司为人们提供结构和稳定性（即工作保障），这是规避风险的人类天生寻求的。

由于这些原因，或许还有其他各种原因，公司几十年来一直在社会中发挥着重要作用。尽管公司制现在很流行，但大多数人并不喜欢它们。

如果从公司的特点角度看，比特币也具有公司的有利特征：最小化交易成本、聚集资本和注意力、为贡献者提供工作保障。并且比特币还提供了一些新特征：所有权不受由创始人、员工和投资者组成的独家团体控制；数据不受任何一个实体控制；决策权不是由一个人或一个团体控制的，而是来自广泛的市场参与者的制衡。

这些变化也许很多人并不关心，但这些变化会引起传统公司制度的解体，促成新的组织制度的产生。相信这种去中心化组织会影响更多人。

3. 新型组织治理需要哪些能力

在没有集中私有化或政府干预的情况下，扩大合作治理规模需要什么？如果我们将合作社和加密网络都视为"公共领地"，那么管理其资源的策略需要以下三个必要条件：

（1）规则制度。

（2）遵守可靠承诺（通常是激励与惩罚的能力）。

（3）进行集体监督，以确保遵守规则并兑现承诺。

比特币和以太坊都已经满足了这些条件，将密码学的可验证数学特性与新的经济机制相结合，激励维护服务所需的工作：

（1）规则是程序化的（开源代码）。

（2）可信的承诺是经济形式的，以工作量证明采矿中的电力或权益证明系统中存入代币的形式承诺，以及遵守规则的奖励。

（3）集体监控由可以确定性地验证规则已被遵循的节点执行。

基金会为共同资源的合作治理提供了一组新的方法和手段。如果说区块链、NFT、智能合约、DeFi 协议和 DApp 是工具，那么 DAO 是使用这些工具来创造新事物的团体。如果它们是物，那么 DAO 是方法。它们是公司或社区的 Web 3.0 版本（或者说是新版本）。随着人们尝试新的构建元素和结构，DAO 将具有我们今天无法预测的新属性。

这个领域的不少人认为 DAO 有可能重塑我们的工作方式、作出集体决策、分配资源、分配财富等当前社会中的较大问题。DAO 的思想是最初创建以太坊的一个主要原因，在以太坊的白皮书中有相关体现。

7.1.3 DAO 的发展史和现状

1. DAO 的发展史

2013 年 9 月，前 BTS、STEEM、EOS 的创始人 Daniel Larimer（BM）首次提出 DAC（去中心化自治公司），被认为是 DAO 的早期原型。

2014 年 5 月，ETH 创始人 Vitalik 对 DAO 进行了详细解释，DAO 的定义首次变得明确并加速传播。

2015 年，ETH 主网正式上线，结合了 DAO 的智能合约出现了变化。

2015 年 8 月，DASH DAO 出现，这是首个有明确决策机制的 DAO。DAO 正式从笼统概念向具体实现进发。

2016 年 5 月，ETH 众筹平台 The DAO 上线，首个以互联网实体存在、以融资为目的的 DAO 诞生了。The DAO 融得超 1 200 万 ETH，当时价值约 1.5 亿美元，这将 DAO 推向了一个热度高峰。

2016 年 6 月，The DAO 智能合约漏洞被黑客攻击，损失了 360 万 ETH，市值近 7 000 万美元，并最终导致 ETH 分叉。这个事件也使 DAO 赛道市场热度一度沉寂。在低迷的市场环境下，一批 DAO 平台类项目在此期间发展了起来。

2016 年 12 月，Aragon 推出，这是 ETH 上早期的 DAO 搭建平台代表。

2017 年 12 月，Maker DAO 正式上线，这是 DeFi+DAO 的早期代表，管理型 DAO 平台。

2018 年 2 月，DAO Stack 发布，这是更重视去中心化决策机制的 DAO 平台。

2019 年 2 月，应用型的 Moloch DAO 推出，通过其极简的机制和清晰的目标为 ETH 开发提供社区资金，让更多人便捷、直观地参与到 DAO 的治理机制中，同时这也是融资型 DAO 的原型。

2020 年之后，DAO 开始进入快速和多样发展期。

2. 当前一些典型的 DAO 案例

DAO 发展到 2021 年，大致有 100 多个著名的 DAO 组织，它们管理超过 100 亿美元的资产。这些 DAO 组织分为几个大类：DAO操作系统（或基础设施）、资助DAO、协议DAO、投资DAO、服务DAO、社交DAO、收藏DAO、媒体DAO等。具体内容如图7-5所示。

（1）DAO操作系统（或基础设施）。DAO的第一阶段是用于创建它们的操作系统。这些项目为社区提供不同的模板、框架和工具来汇集资源并启动第一个DAO。它们通常提供智能合约和接口，以促进去中心化社区的链上操作。DAO操作系统使任何人都可以轻松地以有限的技术技能启动DAO。

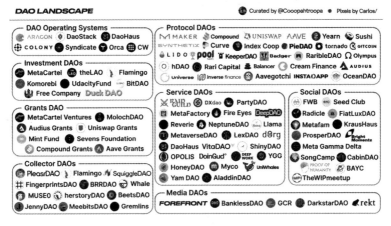

图7-5　常见DAO全景图（图片来自Cooper Turley和Carlos Gomes）

（2）资助DAO。DAO的第一个真正用例是赠款。社区捐赠资金并使用DAO投票决定如何以治理提案的形式将资金分配给各种贡献者。资助DAO的治理最初是通过不可转让的股份进行的，这意味着参与的主要动机是社会资助而非财务回报。资助DAO表明，社区在资本分配方面比正式机构更灵活。

（3）协议 DAO。协议 DAO 将权力从核心团队转移到社区手中，为项目向市场发行可替代代币提供了一种新方式。虽然 DAO 的第一阶段以不可转让的股票为特色，但协议 DAO 是第一个发行具有二级市场价值的可转让 ERC20 代币。这些代币通常用于管理协议，这意味着代币持有者拥有唯一的权力来提议、投票和实施对网络底层机制的更改。项目通常对如何分配代币进行投票，从而为流动性挖矿、耕种收益、公平发布以及介于两者之间的一切打开了大门。协议 DAO 为任何网络提供了一个框架，以发行由其社区拥有和运营的代币。

（4）投资 DAO。随着协议 DAO 将新代币带入世界，团体联合起来投资似乎更合乎逻辑。在经历了长期的非营利 DAO 之后，投资俱乐部开始调整方向，让会员专注于产生回报。虽然这些 DAO 比资助 DAO 具有更多的法律限制，但它们表明，任何个人团体都可以聚集在一起，以较低的准入门槛投资更多的资本。投资 DAO 允许成员在其最早阶段集中资金并投资项目。

（5）服务 DAO。世界上有如此多的通证，项目需要人才。服务 DAO 是人才分配器，使用链上凭证将资源从一个 DAO 汇集和分配到另一个 DAO。服务 DAO 为个人创建去中心化的工作组，以便为开放互联网工作——本质上充当加密原生人才机构。

从法律到创意，从治理到营销，从开发到资金管理，服务 DAO 创建了与 Web 3 雇佣签约的渠道。工作通常会得到 ERC20 代币的奖励——为网络创造的价值提供所有权。服务 DAO 探索工作的未来，以及加密原生世界中的就业情况。

（6）社交 DAO。成为 DAO 的成员意味着什么？在一个以投机为主的行业中，社交 DAO 关注的是社交资本而不是金融资本。社交 DAO 是群聊的自然演变，在群聊中，朋友变成了同事。社交媒体将每个人都变成了一家媒体公司，而社交 DAO 则将每个群聊都变成了数字业务。它们体验成为社区的一部分，并提供了成为数字原生部落一部分的方法。社交 DAO 表明，不仅加密货币是快速赚钱，而且互联网是结识志趣相投的人的最佳场所。

（7）收藏 DAO。近几年很多人都开始听说 NFT 这个新事物，而且人们无法忽视它们的价值。在主流人群接受 NFT 的背后，收藏 DAO 突然出现来收集它们。组织者充当特定艺术家、平台或系列作品背后的潜在黏合剂，以帮助它们建立长久发展。收藏 DAO 寻求策划哪些 NFT 具有长期价值。

（8）媒体 DAO。在信息可以在全球范围内获取的时代，传播信息叙述的所有权也应该是，媒体 DAO 将这种权力交还给那些消费内容的人。它们分解了作家、流媒体和读者与他们发布的内容互动的方式。无论激励贡献的媒体挖掘计划，还是关于哪些主题登上头版的治理，媒体 DAO 都将消费变成了一条双向的通道。媒体 DAO 共享一个渠道的开放议程，以传播意识和新闻。

通过 DAO 的发展史和当前运行的众多 DAO 案例，我们看到这个新事物已经开始快速发展，并表现出很强的生命力。

7.2　DAO 的能力与特点

一位 DAO 先驱估计：目前 90% 的 DAO 都会失败。这是一个发展的过程，但 DAO 在进化，而且进化的速度非常快。目前，大多数 DAO 还不到一年的时间，每天都有新的 DAO 产生，它们正在快速地相互学习，存活下来的 DAO 将会具有更多能力，从而解决很多问题。

7.2.1 DAO 的七种能力

目前，DAO 正处于实验阶段，正在探索合适的应用场景。在这个阶段，许多人出于好奇和渴望尝试新的社区参与、创建和协作模式而被吸引来创建 DAO。

从长远来看，为了实现 Vitalik 对没有管理者的公司的愿景，DAO 要比其他形式的组织和治理更具有竞争优势。DAO 可以帮助团队建立竞争力，Hamilton Helmer（著名的企业战略专家）列出了 DAO 的七种竞争优势来源。

（1）规模经济效应：经济学中规模经济效应是指单位成本随着产量增加而下降的情况。DAO 为全球的人群和组织提供了集中资源以追求更大目标的手段和激励措施。从理论上讲，这使他们能够降低生产的每个新单位或接受新用户的成本。DAO 结构还可以通过按需支付许多服务来降低劳动力成本，与传统组织相比，成本更低。

（2）网络经济效应：随着新用户加入网络，服务对每个用户的价值都会增加。网络经济效应使 DAO 有潜力蓬勃发展和淘汰现有企业，这将是成功的 DAO 最强的竞争力。DAO 建立在直接将有状态协议与货币相结合的网络之上，更加增强了网络效应。DAO 中用户就是所有者，每次其他人加入 DAO 或使用协议时，理论上用户的代币都会变得更有价值。此外，随着

DAO 变得强大，更多的人在它之上构建应用，这使它变得更强大，从而吸引更多的人。一旦 DAO 兴起，就很难扭转它。

（3）反定位能力：新来者采用一种新的、优越的商业模式，由于预期对现有业务的损害，现任者不会模仿这种模式。就 DAO 模型本身在其他方面的优势而言，DAO 可以建立强大的护城河来对抗其现有同行的模仿。

（4）转换成本：客户预期会因为转向替代供应商需要进行额外采购而产生的价值损失。DAO 成员会产生转换成本，因为如果他们在一个 DAO 中拥有的通证转换到一个竞争的 DAO 中，可能会变得不那么有价值。虽然基于区块链的协议可以被分叉成新的、非常相似的协议与现有协议兼容的协议，但同样会有转换成本。

（5）品牌效应：某些品牌能够为同一商品收取更高价格的部分原因，是人们将自己的身份与这些品牌联系在一起。即使品质相同，佩戴蒂芙尼手链与普通银手链也有不同效果。类似地，人们会将他们的身份与他们作为贡献成员的 DAO 联系起来。如果将比特币视为 DAO，考虑所有身份与拥有比特币相关的人，他们愿意免费推销比特币、逢低买入并抨击非信徒。

（6）垄断资源能力：有能力获得优质资产。一个 DAO 的社区是其被垄断的资源。虽然许多 DAO 雇用或以其他方式补偿人们的贡献，但在许多情况下，人们为 DAO 作出贡献只是为了使其或构建它的区块链更有价值。

Moloch DAO 从其成员自己汇集的 ETH 中提供赠款，以使 ETH 更有价值，并且可以提交提案以做免费工作使以太坊变得更好。通常这些工程师的时间是非常宝贵的。

（7）处理能力：在 DAO 中拥有可以以更低的成本实现产品或提供更优质的产品。

总之，通过向 DAO 的用户、贡献者和更广泛的利益相关者生态系统提供经济激励，并让这些利益相关者在 DAO 的治理中拥有发言权，DAO 有机会建立非常强大的护城河。最强的是网络效应一旦形成，就很难被破坏，社区能够以适应的方式成长和发展长期价值。

7.2.2　DAO 的优点

DAO 的新颖性恰恰在于它们能够协调大量人员，同时避免层级结构的笨重。这一特征从根本上将它们与传统组织区分开来。下面总结一下 DAO 的相关优点。

（1）开放性。任何人都可以进来，按照规则作出贡献并获得奖励，这一点极大提高了资本的形成速度。

（2）包容性。利益相关者通过激励措施和网络设计保持一致。

（3）去信任。成员合作所需的信任被最小化，不仅降低了成员之间的新人要求，更重要的是降低了对共同资产的信任要求。

（4）可扩展。每个额外成员的边际成本低。

（5）透明。所有规则、技术和机制都可供公众监督。在智能合约等技术的配合下，规则更加易于自动执行。因为任何人都可以查看 DAO 中的所有行为和资金。这大大降低了腐败和审查的风险。现实社会中，上市公司必须提供独立审计的财务报表，但即使这样，股东也只能大概了解组织的财务状况，对于具体的每笔交易没办法知道和验证。由于 DAO 的资产负债表存在于公共区块链上，因此它在任何时候都是完全透明的，直至每笔交易。（这一点看起来多么的诱人呀！）

（6）不可篡改。DAO 中的规则一旦发布，就不能改变，除非通过一个透明的变更规则的流程。

（7）利益导向。DAO 很像一个有银行账户的微信圈和使用资金的规则，这个群有能力投入资金完成一些活动。这样与传统的群相比，DAO 不仅可以讨论事情，形成方案，还可以调动资源来执行。

7.2.3　DAO 的缺点或潜在问题

DAO 是一种强大的组织方式，但它可能存在潜在问题，而且它也不是适合所有事物的完美系统。虽然 DAO 可以用代码替换法律合约的各个方面并节省大量的运营开销，但在某些情况下，除了 DAO 智能合约中的规则之外，没有任何法律保护。如果对 DAO 的控制是中心化或边界模糊，则更容易产生问题。

1. DAO 中事情的决策速度很慢

DAO 与中心化的机构相比，一个明显的问题是决策速度通常很慢，很难协调一致和快速行动。虽然 DAO 可以通过减少决策人员，设置成员快速响应的机制，但这也很难有效，以至于一些 DAO 提倡渐进式的去中心化。

决策速度慢还有个原因是部分选民的冷漠，即并非所有成员都愿意投票或参与其他决策性事件。这种情况会出现代理投票的现象，选出有意愿参与事务的代表。但这和现实社会中的代表会出现相似的问题，即这些代表会为了个人利益进行游说和贿选问题。

2. 开放性导致的问题

DAO 的一个特点是开放性，但这种特性造成成员可以随意地加入和退出，导致 DAO 内的成员质量降低，内部的混乱增加。虽然可以为 DAO 的成员设置一些筛选条件。例如，设置最低代币持有量，或者完成某些测试条件来解决，但 DAO 的成员管理还是一件比较复杂的事情。简单的筛选条件很难解决问题，放进来的恶意成员会做现实社会中的各种作恶事件，如合谋、内部勾结、操纵事件……当前各个 DAO 组织都在探索相关的经验。

3. 投票相关的问题

投票是 DAO 中常见的一种方式，并且貌似公平。但投票机制有多种问题，如选民参与度低、博弈论攻击、不具有代表性、过于集权等问题。

对于投票的参与度是对代币投票机制的主要批评声，当前的一个统计数据是，无论在哪里尝试，它们的选民参与度往往都很低。DAO Carbonvote 的选民参与率仅为 4.5%。从一些理论上也有相似的结果，经济学家帕累托曾指出：在任何一组事物中，最重要的只占其中一小部分，约 20%，其余 80% 尽管是多数，却是次要的。成员对 DAO 的贡献也是这样，20% 的人贡献了 80% 的价值。投票活动中也只有一部分人会参加，这是很难改变的普遍规律。

即使在没有攻击者的情况下，代币投票也存在问题。主要分为几种情况：①少数富有的参与者比大量的小股东更善于成功地执行决策；②代币投票治理以牺牲社区其他部分的利益为代价赋予代币持有者的利益；③其他利益冲突。例如，还持有与相关平台的代币，这就会让投票者怀有其他目的。

DAO 作为一个新事物，还有很多不完善，而且依据智能合约的规则也会受限于实现技术的成熟度，从而不能完全处理现实世界中的复杂问题。

了解了 DAO 的能力和优缺点，就可以根据这些情况，有选择地使用 DAO，并且在其不擅长的环节使用其他替代手段，以让整个组织的管理效果更有效。

7.3 DAO 是如何工作的

为了了解 DAO 是如何工作的，首先看看人们对 DAO 有哪些常见问题，然后了解一下当前 DAO 都有哪些工具，最后再来了解加入 DAO 和使用 DAO。

7.3.1 DAO 的常见问题

先看看人们对 DAO 有哪些常见问题，通过这些问题的答案，就会知道 DAO 能做什么。

1. DAO 效率是否比公司制更高

一种流行的观点是：DAO 比公司制更能调动人的积极性。因为是基于兴趣和自愿，所以效率更高。

这个观点是不对的，在一个 DAO 中经常有很多人，从几十人、几百人……甚至上万人。大家通常在 DAO 中是交流，包括聊天、开会、讨论、潜水。一些 DAO 会有一些经济产出，但这不是 DAO 的主要任务，大多数 DAO 的主要任务就是讨论。公司制以营利目的为导向，在效率上 DAO 不能与之相比。

2. DAO 是否比公司制更加平等

一种观点是：DAO 是全民投票，每个参与者更加平等。

虽然这句话看起来像是对的，但目前 DAO 中的投票基本上是基于 Token 的数量而获得相应的投票权的。如果 Token 数量比较分散，会相对公平；如果 Token 数量分配极端，就只能代表少数人的意志，而且投票制度有非常多的其他问题。

公司制基于股权，公司治理中的很多问题也是基于股权数量进行抉择。并且在公司运营中，股权分散导致的类似投票定决策的效果，已经被时间证明并不有效。

在公司制中，股东和客户是不同的群体，代表不同的利益。而 DAO 的成员和利益体更加一致。

3. DAO 是否可以让所有人参与进来

有一种说法是：传统公司只有股东，而 DAO 可以让员工、客户也参与进来。

在 DAO 中，如果不持有 Token，也只是员工、客户，也无法参与治理，并没有差别。现在的 DAO，还是处于初期的阶段，很快会发展出来 Token 持有者和仅仅工作赚取 Token 的员工，以及仅仅使用产品的用户。角色分离是进步，角色混在一起并非进步。

4. DAO 是否可以随时加入，随时退出

一种说法是：因为可以随时加入和退出，不用办理面试、入职、离职手续；而且 DAO 之间不互斥，一个人可以在多个 DAO 中同时工作，挣很多份钱。

DAO 确实提供了一种松散的参加方式，但这也决定在 DAO 中个人付出多少是不可控的。但人的时间是有限的，参与的项目数量越多，参与的深度越低。这和原来的 BBS、当前的微信群有相似之处，虽然一个人可以参加很多群，但能够在群里保持角色活跃的并不多。

公司的雇佣制对于很多人是更适合的，至少在当前是比较适合的，因为大多数人不具有独立营利的能力，现代社会的分工是生产力极大提高的一个主要原因，公司制就是保证这种分工稳定、可靠、有效的一种方式。随着现代社会的发展，一些兼职、众包、零工的平台也活跃起来，这是另外一种通过平台组织能力来保证分工协作进行的方式，但目前这种方式还没有成为主流。DAO 的工作方式，为分工协作带来了一种新的方式，具体是否有效还需要看其发展。

5. DAO 的组织是否更加平等，没有等级制度

这种说法带来一个问题的思考，为什么要更加平等？为什么痛恨等级制度？这是一个长久的、在多个领域都会产生争议的问题。我们通过发展过程，来看到为什么会产生这种现象。

完全平权，一人一票的方式作决策，不仅在现代的公司制，其实在原始社会就有了存在的可能，但是这种形式没有赢得竞争，没能成为主流形式，本身就已经说明了这种方式不具有生命力，

有很多的实际弊端。我们要追求的并不是绝对的平台和没有等级机制，而是不要极端和固化。DAO 是否可以完成这样的职能，还需要观察，或者 DAO 只能在某些方面完成平等的职能。

6. DAO 是不是更好的兴趣小组

如果总与公司制相比较，可能因为两者的差异过大，而不能更好地说明 DAO 这个新事物。如果用兴趣小组来相比，两者之前具有更多的相似性。当前的 DAO 更像是一个兴趣小组，并且提供了一些基于代码的组织能力，这赋予 DAO 更多的能力。如果把 DAO 和公司制进行比较，的确在大多数领域表现都比较差，但是如果和兴趣小组比较，还是有比较大的优势。从效率来说，DAO 比公司制差，但是比起兴趣小组纯聊天来说，还是能够组织起一些大规模协作，并且 DAO 有经济的支持能力。

7. DAO 到底带来了哪些改变

很多人疑惑：DAO 到底带来了哪些改变？有哪些是在公司制（或其他组织结构）的框架下不能做的？公司制经过一百年的演变，已经形成了一个完善、健全，甚至面面俱到的成熟体制。

DAO 到底带来了哪些新东西？为什么会成为受关注的新事物？从 7.2 节中 DAO 的能力与特点我们能具体地理解这些新特征。它一定是带来了某些新的基因，从而成为未来重要的协作方式，只是还需要时间验证和完善 DAO 带来的协作方式。

7.3.2　DAO 相关的常用工具

有许多工具用于创建和协调 DAO，如 Aragon、DAO Stack、DAOhaus、Llama 和 MyCo，因此成员不必从头开始构建所有东西。

尽管 DAO 的目的、规模和复杂程度可能会有所不同，但大多数 DAO 都包含相同的核心组件。

（1）群聊组件：DAO 通常从某些话题开始讨论，然后向 Telegram 组或 Discord 服务器添加一些朋友，在国内更多的是添加微信群。

（2）储备资产：最常见的社区 DAO 可以收集蓝筹 NFT 并将它们存储在多签钱包中。社区 DAO 还可以通过代币化众筹换来资金。这使 DAO 能够用一些有价值的数字货币充当储备资产，以用于运营和增长。

（3）Token 通证：很多社区 DAO 发行 ERC20 代币作为取得会员资格的一种方式，或者作为众筹的资金来源。

（4）治理：拥有资金和众多成员的社区 DAO 需要一种方法来作出集体决策。通常，在群聊中达成粗略的共识，治理投票只是一种形式。但是得看谁投票，他们有多少投票权，以及他们投票支持什么。此外，大多数社区 DAO 授权由 5 ~ 10 名成员组成的小型、专注的团队拥有特定的工作流，而不是要求每个小决策都进行治理提案。

（5）链上现金流。这是社区 DAO 中的新能力，链上现金流将与朋友的有趣群聊变成可持续的业务。到目前为止，产生链上现金流的最常见方式是通过 NFT 投放。

随着 DAO 的发展，相关的工具组件正在成为今天大多数 DAO 的应用标准。常见的工具组件如下。

（1）Gnosis Safe：通常用于管理社区金库的多签钱包。

（2）Snapshot：链下投票平台，可轻松实现基于代币的治理。

（3）Discourse：通常用于讨论治理建议的论坛。

（4）CollabLand：为社区聊天组提供令牌门控访问和提示的机器人。

（5）Coordinape：协调游戏以确定哪些贡献者应该获得代币奖励。

（6）Parcel：资金管理，可轻松跟踪和发送付款。

（7）SourceCred：跟踪社区参与和奖励活跃成员的实例。

（8）Mirror：通过代币化众筹为创意项目融资。

（9）Tally：治理仪表板，用于跟踪不同协议的链上投票历史。

（10）Boardroom：代币持有者管理的治理中心，以授权关键决策。

（11）Sybil：创建和跟踪链上治理委托。

（12）RabbitHole：完成特定链上任务的奖励代币。

总之，这些工具允许任何人启动资金、引入治理、奖励关键贡献并让社区参与正在进行的讨论。

7.3.3　DAO 成员的角色与报酬方式

1. DAO 成员的角色

DAO 通常可以使用一些角色来完成相关职能。典型角色有以下几个。

（1）开发人员：加密领域的技术人才很短缺，并且很多工作需要开发人员来建设。无论开发新的智能合约、开发后端还是构建漂亮的用户体验、审计等工作，都需要开发人员来完成，并且他们通常可以为此获得报酬。

（2）社区经理：社区经理是 DAO 中的另一个关键角色。DAO 需要人来帮助管理成员。这些工作包括为新成员指明正确的方向、回答问题、管理 Discord，社区经理通过带来良好的氛围成为社区的好管家。

（3）内容创作者：与社区经理类似，内容创作者是一个关键角色。许多 DAO 需要有才华的作家和视频创作者来推销它们的产品、服务，甚至社区。这也是最简单的入门方法之一，因为通常不需要任何许可，就可以开始创建内容、自行发布并与社区共享。

（4）设计师：与开发人员类似，设计师是 DAO 世界的重要成员。他可以创建更精美的设计与布局，使网上的内容建设更加美观，吸引更多人。

（5）运营和促进者：DAO 可以成长为复杂的组织，会有很多事情发生。运营和促进者会确保整个组织朝着正确的方向前进并实现关键任务目标。这通常包括项目管理、作为多重签名保存者、将贡献者与合适的人联系起来等工作。

（6）资金管理：DAO 拥有资产，它们需要找到分配资金的好方法。很需要那些有金融背景的人，尤其是当 DAO 中的储备资产达到数十亿级别时，资金多元化、预算编制、财务报告等工作会更重要。

（7）DAO 特定的角色和委员会：每个 DAO 都有自己的任务，这样就需要特定的角色。例如，Yearn 需要 Vault 策略师来优化收益；Index Coop 需要方法学家来设计最佳指数；Aave 需要风险评估员等。此外，大多数 DAO 都有需要帮助审查拨款请求的拨款委员会等。

这些在加密领域的工作通常是 Web 3 原生、独特的工作，需要更多的人员加入和成长才能更好地促进 DAO 的发展。

2. DAO 中获得报酬的方式

因为 DAO 和以往公司有着不同的参与方式，相应地，在 DAO 中也有不同的报酬方式。

（1）获得全职工作：许多资金充足的 DAO，如协议 DAO，已经采用了在许多初创公司中普遍用于全职贡献者的标准薪酬模式。Yearn 和 Sushi 等协议提供基于稳定币的工资以及协议原生代币（即 YFI 和 SUSHI）的巨额奖金。值得注意的是，在 DAO 中担任全职角色可能需要大量的前期工作，但那些能够证明其价值的人可以得到很好的补偿。在 Sushiswap 招聘信息中，我们可以看到核心贡献者的薪酬结构每年超过数百万美元。

（2）Coordinape（信誉薪资）：Coordinape 是从 Yearn 生态系统中分离出来的 Web 3 原生补偿工具。这是一个基于同行评估的工具，贡献者可以根据他们在一段时间内完成的工作量向他们的同事分配 GIVE 代币。在一轮结束时，用户根据他们从同行那里收到的 GIVE 代币数量按比例分配资金池。Coordinape 是在 Bankless DAO 中最独特和最有趣的补偿贡献者的方式之一。尽管促进了贡献者数量最大的轮次（压力测试邓巴数量），最终报酬在很大程度上代表了个人贡献者所做的实际工作。

（3）赠款：目前几乎每个主要的 DAO 都有一个赠款计划。

这些通常由一小群社区选出的贡献者管理，他们负责审查赠款请求并相应地分配资金。Compound、Uniswap、Aave 等协议DAO 拥有大量资金，它们将这些资金分配给那些在协议之上构建独特产品或提供有价值服务的人。对于一个建设者，提交一份有意义的工作提案可以通过赠款获得报酬。

（4）赏金：赏金已经在加密生态系统中出现了一段时间，但由于 DAO 工作的出现，赏金再次受到关注。赏金通常适用离散任务，允许个人，尤其是新社区成员参与并为 DAO 增加价值，以换取原生代币补偿。

（5）SourceCred（凭证薪资）：SourceCred 是另一种在某些社区（FWB）中流行起来的 Web 3 原生工具。SourceCred 提供了一种有趣的方式来奖励社区成员参与论坛上的 Discord 和治理提案等讨论。它的工作原理类似于 Coordinape，SourceCred 软件跟踪消息和参与 KPI（例如，论坛回复的点赞数、您的消息收到的反应数、GitHub 提交），以将 CRED 分配给各个用户。在每个时期结束时，池中的代币将根据该时期累积的 CRED 数量分配给个人。

（6）收益分享：如果成员构建了社区想要的东西，他们会通过对产品或服务的需求来奖励成员。这让个人可以从产品产生的收入中分得收益。

7.3.4 加入和使用 DAO

当前 DAO 还处在发展的早期，很多传统机构还不清楚怎么使用 DAO，以及 DAO 具体能做什么。但对于接触 DAO 的人，他们会很兴奋，认为 DAO 几乎可以改造所有的行业。下面体验一些实际的 DAO 操作，来加深对 DAO 的具体印象。

1. 选择和加入 DAO

为了能够亲身体验 DAO，需要选择和加入一个 DAO 组织。

（1）寻找感兴趣的社区内容。通过一些网络文章和 DAO 组织的介绍，先了解 DAO 的主要内容，看看是否是自己感兴趣的组织。再加入这个 DAO 的社区，看看里面的话题和气氛，选择留在里面，或者离开。

（2）自我介绍。参与 DAO 的第一种方式就是在社区介绍自己，这样便于社区成员更快地熟悉新成员。同时，其他人的介绍和他们正在做的事情，也会促进成员了解和共同参与一些事情，还会促进在社区内建立共同的兴趣。

（3）分享想法和发现。为 DAO 作出贡献的一种简单且非常有价值的方式就是分享自己的知识。很多时候，成员的分享和他们在每个领域的知识会形成社区的隐形价值。如果某个人正在探索相关帮助，还会促成解决问题。

（4）积极参与社交活动。如果你喜欢社区、喜爱活动或合作项目，就分享和参与这些活动。这样不仅会促进社区的活跃，还可以建立自己在社区中的信誉。

2. 使用 DAO

使用 DAO 是指深度地参与 DAO 的建设，而不仅仅是在 DAO 中的聊天沟通。这样可以在社区内创造价值、获得所有权并增加 DAO 的价值。

（1）抄写员。抄写员是 DAO 建设中极其重要的一部分。

他们转录和详细说明 DAO 中的事件、会议和讨论。他们是 DAO 成员之间知识和文档转移的基础，因为许多工作是异步的，跨越不同的时区，使用不同的资源。这项工作比较容易上手，在社区内制作详细的笔记是成员主动参与并保持积极性的一种有价值的方式。

（2）建设有意义的对话主题。在社区中创造价值的另一种方法是围绕对社区本身至关重要的概念和想法进行公开和建设性的对话。可以是围绕目的、治理、成员资格、工具、角色或者某项建设任务的讨论。

（3）建立联系与使用外部资源。随着 DAO 的发展和机遇的出现，DAO 的一个重要部分是连接人、空间和想法。不仅是成员内部的联系，如果成员认识可以参与并提供帮助的人，并建立联系，这是建立外部协作，也是提高 DAO 组织能力高度的一种重要方式。

（4）完成带赏金的任务。完全依靠免费和自愿的方式很难完成 DAO 内的很多工作。既然 DAO 有自己的资金，就可以使用悬赏的方式来组织资源。这样用商业的规则把事情做好，是建设 DAO 很重要的一种方式。成员应该认真对待这些带社区赏金的任务。这种方式对于个人和外部组织都适合，以太坊的 ESP 生态系统已经将这种方式实践得很不错。

（5）投票和参与提案。提案是 DAO 内决策的关键。虽然并非所有 DAO 都会赋予所有成员投票权，但对于这样做的 DAO，参与提案可能是增加价值的好方法。这也是成熟的 DAO 都会提供的一种基础决策方式。这需要花时间真正理解提案，在可能的地方贡献自己的想法和构建，然后再进行投票。

（6）高级成员工作。对于能够深度参与 DAO 建设的成员，还可以负责举办活动、参加领导工作组、参与建立基础设施和制定战略等工作。这些工作需要投入更多的精力和具有更强的能力要求，对于 DAO 的长期发展也至关重要。

其中，领导工作组，在大多数 DAO 中，社区将需要治理、财务、会员、内容和产品等核心群体，以便在 DAO 内外创造长期价值和影响。

建立基础设施和制定战略，随着 DAO 的发展和变大，合作和协调变得更加困难。需要系统提供更强大的支持，建立基础设施是为了让 DAO 更好地工作并保持更好的工作。从长远发展的角度看，研究 DAO 的发展战略，如代币激励的关键提案的治理模型也很重要。

3. 创建 DAO

这里简单介绍一下创建 DAO 的流程和需要考虑的内容。创建 DAO 的过程参考 *How to Create a Bankless DAO*，这里借助 OpenLaw 平台的场景。相关的步骤说明如下：

（1）构思和设计一个创始协议。

（2）创建一个 OpenLaw 账户。

（3）填写创始人协议详细信息并发送给联合创始人。

（4）将 DAO 部署到以太坊主网。

（5）对提案进行投票并添加合约。

至此，就成功创建了一个 DAO 组织，接下来就可以运营

DAO。本书简单介绍相关的过程，详细内容请查阅参考文献，如图 7-6 所示。

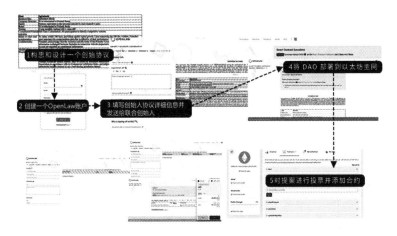

图 7-6　创建 DAO 的流程示意图

创建 DAO 的技术实现是一个相对简单的工作，但 DAO 设计者必须设计激励措施并管理他们的文化，这样参与者就不会仅仅按照现在对我有好处的事情行事。为了蓬勃发展，DAO 的纳什均衡必须介于以下几个方面：

（1）现在对我有什么好处。

（2）以后对我有什么好处。

（3）现在对我们有什么好处。

（4）未来对我们有什么好处。

DAO 的纳什均衡如图 7-7 所示。

此外，DAO 的成长过程也是一个需要考虑的重点。一个去中心化组织社区成长过程示意图如图 7-8 所示。

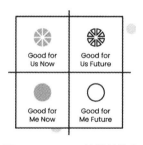

图 7-7　DAO 的纳什均衡

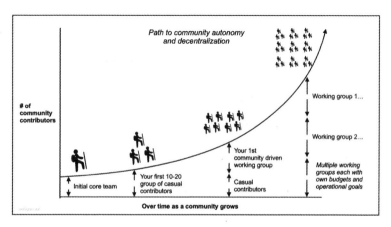

图 7-8　一个去中心化组织社区成长过程示意图

7.4　DAO 是 Web 3.0 时代的组织机制

几十年前，著名的经济学家詹森和梅克林写道：大多数组织只是作为个人之间一系列契约关系的纽带的法律虚构。根据合同条款，无论公司、有限责任公司、非营利组织还是政府，都需要"联系"来协调所有这些合同，尤其是实现个人之间的资源流动。在加密货币经济中，有智能合约的联系，其中资源的移动是由代码而不是依赖于法律层的中介来执行的。这意味着个人能够在没有法律中介的情况下，形成复杂的合同关系。这会促使人类组织游戏规则的改变。

在经济学的技术与制度的协同演化研究中，也可以看到生产力的发展一直推动着生产关系的变化，其中一个方面就是组织结构的变化，如图 7-9 所示。

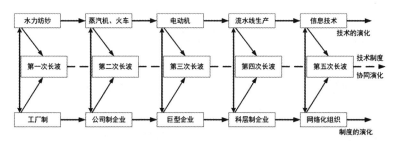

图 7-9　经济学的技术与制度的协同演化过程（随着生产力的变化也推动组织结构的变化）

2020 年，区块链领域的一个重要趋势是从关注去中心化金融（DeFi）到同时考虑去中心化治理（DeGov）的转变。2020年是 DeFi 应用非常繁荣的一年，各种 DeFi 应用的层出不穷，使 DeFi 项目的复杂性和能力不断提高。这种繁荣也使人们对 DeGov 的需求不断提升，人们期望借助 DeGov 的能力来处理 DeFi 中的复杂性。虽然 DAO 的思想起源较早，最早出现在比特股中的 DAC 概念，并且 2016 年以太坊的 The DAO 是一个实际的案例，但 2020 年的变化，是推动 DAO 发展的一个重要原因。

在区块链的世界中，需要某种 DeGov 的组织机制，用以完成这个世界中的契约规则的管理。随着 Web 3.0 应用的快速发展，相关的组织机制与治理问题也变得更加迫切。

1. 去中心化治理（DeGov）

在区块链的世界里，存在着个人与组织相关的多种问题，都需要协调和解决。其中两个关键问题如下。

（1）为公共产品提供资金：对于社区都会使用的基础设施（通常为区块链的 Layer1 和 Layer2）需要有资金支持建设。

（2）协议维护和升级：除了建设新的内容，原有协议的升级，对协议中长期不稳定的部分（如安全资产清单、价格预言机的数据来源、安全多方计算密钥持有者）进行定期维护和调整操作都存在治理需求。

早期的区块链项目在很大程度上忽略了这两个关键问题带来的挑战，认为唯一重要的公共利益是网络安全，还认为这样的问题可以通过一个永远一成不变的算法来实现，并通过固定的工作证明奖励来支付。在区块链发展的初期仅关注安全问题是可行的，因为 2010—2013 年比特币价格大幅上涨，然后是2014—2017 年的一次性 ICO 繁荣，以及 2014—2017 年同时出现的第二次加密资产泡沫，初期的繁荣和上层复杂应用还没出现，掩盖了对于治理的需求。

但治理的问题并没有消失，而且在慢慢地积累，逐渐突出的问题是公共资源的长期治理被忽视。例如，比特币专注于提供固定供应货币，并确保支持闪电网络等第 2 层支付系统，并没有做其他的显著工作。但随着发展，用于协议维护和升级以及为文档、研发提供资金，同时避免中心化风险的挑战已成为首要问题。

去中心化治理的一个基本需求是为公共产品提供资金支持。目前从比特币和以太坊两个项目来看，这一点做得都不好。例如，来自以太坊的每日挖矿发行奖励约为 13 500ETH，大约几千万美元，交易费用同样高；非 EIP-1559 烧毁的部分仍然是每天大约 1 500ETH。因此，每年有数十亿美元用于资助网络安全。但以太坊基金会的预算是多少？每年为 3 000 万~6 000 万美元。有非以太坊基金会参与者（如 Consensys）为发展作出了贡献，但他们的规模并不大。比特币的情况类似，用于非安全公共产品的资金可能更少。

如图 7-10 所示是预估的比特币与以太坊用于网络安全（主要是 PoW 消耗的费用，包括出块奖励）和项目研发费用的对比。

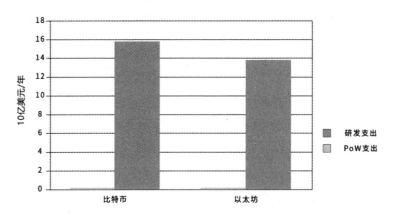

图 7-10　预估的比特币与以太坊用于网络安全和项目研发费用的对比

项目引入 DAO 设计对比，从启动的项目就可以实现以前无法结合的两个属性的组合：开发者资金的充足性、资金的可信中立性。开发者的资金不是放到某个私人管理的钱包地址，而是放在 DAO 中，可以由 DAO 本身作出决定。通过如图 7-11 所示的资金分配来看，使用 DAO 是不是更合理？

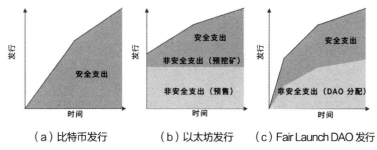

（a）比特币发行　　　（b）以太坊发行　　　（c）Fair Launch DAO 发行

图 7-11　几种发行方式资金分配的示意图

注：笔者认为这个示意图不够准确，阴影部分并不完全是所列事项
的花费，其中很大一部分是给参与者带来的铸币税收入。

除了为公共产品提供资金之外，另一个同样重要并需要治
理的问题是协议维护和升级。虽然主张尽量减少对于项目的非
必要调整，鼓励有限治理的思想，但有时治理是不可避免的。
价格预言机的输入必须来自某个地方，有时某个地方需要更改。
在改进协议最终生效之前，必须以某种方式协调改进，进行升
级操作。有时候为了处理紧急情况，也需要去中心化治理。

虽然可以进行链下治理，对于底层区块链，链下治理常常
更有效，但对于应用层的项目，尤其是类似 DeFi 项目，我们
会遇到应用层的智能合约系统经常直接控制外部资产的问题，
而且这种控制不能被分叉。如果 Tezos 的链上治理被攻击者捕
获，社区可以硬分叉而不会造成超出协调成本的任何损失。如
果 Maker DAO 的链上治理被攻击者捕获，社区绝对可以启动一
个新的 Maker DAO，但将失去所有存在原有 Maker DAO CDP 中
的 ETH 和其他资产。因此，虽然链下治理对于基础层和一些应
用层项目来说是一个很好的解决方案，但许多应用层项目，尤
其 DeFi，将不可避免地需要某种形式的正式链上治理。

2. DAO 治理内容

DAO 治理内容一般包括以下三种。

（1）集体资产所有权和管理。DAO 的公有资产应该像公司一样运作，考虑资产和负债、流动性、收入，以及在哪里分配金融资源。

（2）资产风险管理。波动性、价格和其他市场状况需要持续监控。

（3）资产管理。从收集的艺术品到借贷的抵押品，所有DAO 资产都受益于围绕策展的目标和流程。

3. 相关的治理方案

在区块链的去中心化治理中，随着发展的探索，形成了一些治理方案。

1）有限治理

有限治理是限制代币驱动的治理可以做什么。通常有以下几种方法。

（1）仅对应用层使用链上治理，对于基础层不采用链上治理：以太坊已经这样做了，因为协议本身是通过链下治理的，而在此之上的 DAO 和其他应用程序有时通过链上治理。

（2）将治理限制为固定参数选择：Uniswap 这样做，因为它只允许治理影响代币分配和 Uniswap 交易所中 0.05% 的费用。另一个很好的例子是 RAI 的"非治理"路线图，随着时间的推移，治理控制的功能越来越少。

（3）添加时间延迟：在时间 T 做出的治理决策仅在一定时间后生效。这允许认为该决定不可接受的用户和应用程序转移到另一个应用程序。

（4）对分叉更加友好：让用户更容易快速协调和执行分叉。这使捕获治理的回报更小。

Uniswap案例值得参考：这是链上治理资助团队的一种预期行为，它们可能会开发Uniswap协议的未来版本，但由用户选择是否升级到这些版本。这是链上和链下治理的混合体，只为链上方留下有限的作用。

但有限治理本身并不是一个很好的解决方案，最需要治理的领域（例如，公共产品的资金分配）本身也是最容易受到攻击的。公共产品资金很容易受到攻击，因为攻击者有一种非常直接的方式可以从错误的决定中获利：他们可以尝试推动一个错误的决定，将资金发送给自己。因此，还需要改进治理本身的技术。

2）非代币的治理

非代币投票是另一种治理方式。如果代币不能决定一个账户在治理中的权重，那么使用什么来决定投票的权重呢？当前有两种自然选择。

（1）人格证明系统：验证账户对应于唯一一个人的系统，以便治理可以为每个人分配一票。相关的参考案例有Proof Of Humanity和BrightID。

（2）参与证明：证明某个账户对应于参加过某些活动、通过某些教育培训或在生态系统中执行某些有用工作的人的系统。这种方式可以参考POAP。

还有混合使用的案例：一个例子是二次投票，它使单个选民的权力与他们承诺作出决定的经济资源的平方根成正比。通过将资源分配到多个身份来防止人们欺骗系统，利益分成允许参与者可信地表明他们对某个问题的关注程度，以及对生态系统的关注程度。Gitcoin 二次融资是二次投票的一种形式，二次投票 DAO 正在建设中。

参与证明不太容易理解。关键的挑战在于，确定参与程度本身需要一个相当稳健的治理结构。最简单的解决方案可能是通过精心挑选的 10 ～ 100 名早期贡献者来引导系统，然后随着时间的推移随着 N 轮的选定参与者确定 $N+1$ 轮的参与标准而去中心化。分叉的可能性有助于提供一条从治理失控中恢复正常的途径，并为防止治理失控提供了动力。

人格证明和参与证明都需要某种形式的反合谋，以确保用于衡量投票权的资源保持非财务性，并且其本身不会最终进入智能合约，将治理权出售给出价最高的人。

3）需要承担风险的治理

这种方法是通过改变投票规则本身来打破原有问题。代币投票之所以失败，是因为集体负责与个体负责的不平衡，如果让个人为错误的投票付出代价，个体的投票就会更加慎重。例如，在投票进行的分叉决策中，投票支持错误决定的硬币可能会被销毁。这种操作非常有争议，感觉像是违反了一个隐含的规范，即不可篡改性，在分叉前后，其代币应该保持神圣不可侵犯。但从另一个角度来看，这个做法有合理性，个人代币余额可以不会被侵犯，但仅限于保护不参与治理的代币。如果参与治理，就需要为这种行为本身负责。

4）混合解决方案

还有一些解决方案结合了上述几种方式的技术思想。以下是一些可行的方向。

（1）时间延迟加上选举专家治理。这是解决如何制作加密抵押稳定币难题的一种可能解决方案，该稳定币的锁定资金可以超过获利代币的价值，而不会冒治理被破坏的风险。代币投票选择提供者，但它每周只能循环出一个价格提供者。如果用户注意到代币投票带来了不值得信赖的价格提供者，他们有 $n/2$ 周的时间在稳定币中断之前切换到另一个。

（2）对赌 + 反作弊 = 信誉。用户以"信誉"投票不可转让的代币。如果他们的决定产生期望的结果，用户会获得更多的声誉；如果他们的决定产生不希望的结果，用户就会失去声誉。

（3）松耦合（咨询）代币投票。代币投票不直接实施提议的变更，而只是为了公开其结果而存在，为链下治理建立合法性以实施该变更。这可以提供代币投票的好处，同时降低风险，因为如果出现代币投票被贿赂或以其他方式操纵的证据，代币投票的合法性会自动下降。

这几种情况是可能的案例。在研究和开发非币驱动的治理算法方面还有很多工作可以做。当前在治理中最重要的是摆脱代币投票是治理去中心化的唯一合法形式的想法。

区块链世界的组织结构和治理随着发展会越来越丰富，场景也会越来越复杂，在治理中需要更多的方法可以使用。这也是因为 DAO 的发展当前处于早期，还不具有更多能力的一种现实情况。但不管怎样，DAO 都是 Web 3.0 中的组织机制，是管理与资产相关契约关系的必要职能体。

第
8
章

Web 3.0 与元宇宙

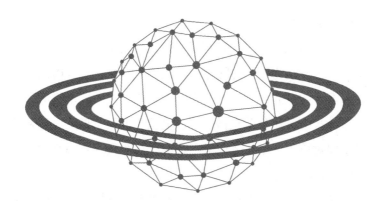

通过前面的章节，我们知道了组成数字世界的三种基本元素 FT、NFT、SFT，然后又了解了 Web 3.0 中的金融系统，与 DAO 相关的组织机制，于是数字空间就有了丰富的生态与应用，随着与物理空间交互的增加，呼之欲出的元宇宙就逐渐清晰了。

8.1 宇宙和它的七级文明

1. 宇宙的概念

宇宙（Universe）在物理意义上被定义为所有的空间和时间（中文里，空间为宇，时间为宙，统称为时空）及其内涵，包括各种形式的所有能量，如电磁辐射、普通物质、暗物质、暗能量等，其中普通物质包括行星、卫星、恒星、星系、星系团和星系间物质等。宇宙还包括影响物质和能量的物理定律，如守恒定律、经典力学、相对论等。

大爆炸理论是关于宇宙演化的现代宇宙学描述。根据这一理论的估计，空间和时间在 137.99 ± 0.21 亿年前的大爆炸后一同出现，随着宇宙膨胀，最初存在的能量和物质变得不那么密集。最初的加速膨胀被称为暴涨时期，之后已知的四个基本力分离。

宇宙逐渐冷却并继续膨胀，允许第一个亚原子粒子和简单的原子形成。暗物质逐渐聚集，在引力作用下形成泡沫一样的结构、大尺度纤维状结构和宇宙空洞。巨大的氢氦分子云逐渐被吸引到暗物质最密集的地方，形成了第一批星系、恒星、行星以及所有的一切。空间本身在不断膨胀，因此当前可以看见距离地球 465 亿光年的天体，因为这些光在 138 亿年前产生的时候距离地球比当前更近。（我们以霍金的《时间简史》和科普经典《宇宙》中的概念为准。）

2. 协助理解宇宙的大小——几个数字的概念

二进制与十进制之间的参考。

（1）2 的 128 次方：3.4028236692093846346337460743176 8211456e+39，即 10 的 39 次方级别。

（2）2 的 160 次方：1.46150163733090291820368483271 63 e+48，即 10 的 48 次方级别。

（3）2 的 256 次方：1.15792089237316195423570985008 69 e+77，即 10 的 77 次方。

为了更好理解这些数字的大小，我们找一些能够感知的参照物。

（1）IPv6 的地址数量是 2 的 128 次方，可以为地球上每一粒沙子分配一个地址。

（2）以太坊的钱包地址是 2 的 160 次方，这个数字有多大呢？如果把一个以太坊地址看作 1 毫米，那么其密钥长度相当于超过了可观察宇宙长度的两倍（目前宇宙的半径大概是 465 亿光年，直径 930 亿光年）。如果这个概念不好理解，大致就是可以为 43 亿个地球上的每一粒沙子分配一个 IPv6 地址。

宇宙中的原子数大约在 10 的 60 次方到 80 次方之间，所以 2 的 256 次方有足够的空间容纳宇宙中所有的原子数。

3. 宇宙的七级文明

文明是物种的生活习性并延展出来的一切衍生物。生物形态、社会形态、环境生态相互交织与碰撞产生出的火花即文明。显性文明——可见、可被推演出来的形态。隐性文明——生物为存活而进行的行为活动。

1964 年，一位名为尼古拉·卡尔达肖夫的苏联天体学家在观测类星体 CTA-102 后，提出了一个猜想，他认为宇宙中的一些文明要比我们领先数百万年甚至数十亿年。为了便于理解这种跨度很大的文明体系，他提出了一种分类方法——卡尔达肖夫指数：是根据一个文明能够利用的能源量级，来量度文明层次及技术先进程度的一种假说。这种分类方法把一个文明作为一个整体，主要取决于两样东西——能源和技术。

能源是一个文明发展的前提，即一个文明所产生的能源越多则科技越发达，文明程度也越高。卡尔达肖夫最初只定义了三个文明等级，如图 8-1 所示。后人根据此模型将等级扩充到了七级。笔者通过对比，发现使用七级分类方式，更容易理解宇宙的大小和文明的强弱，便于进行文明之间的比较。

（1）一级文明：行星文明。

这是最低等级的文明，我们人类文明正在这个级别上攀登，目前应该正处于中级阶段。这个等级的文明已经突破了母星的引力束缚能够自由前往太空了。不仅如此，当处于这个等级的巅峰时，文明还能够在本恒星系内进行探索，并且在别的行星上建立大大小小的殖民地和生活科研区。

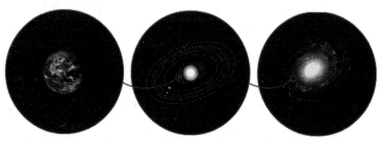

（a）Type Ⅰ：10^{16}W　　（b）Type Ⅱ：10^{26}W　　（c）Type Ⅲ：10^{36}W

图8-1　卡尔达肖夫定义的三个文明等级

医疗技术也会得到极大的突破，大部分基因控制范围内的疾病都能够得到彻底的治愈，基本的宇宙定律和初步的可控核聚变技术都已经掌握。很显然我们想要达到行星文明的顶点还有很长的路要走。

行星文明示意图如图 8-2 所示。

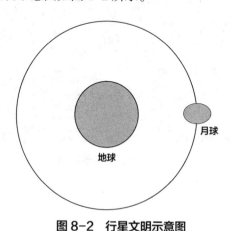

图8-2　行星文明示意图

（2）二级文明：恒星文明。

处于这个等级的文明已经能建立类似"戴森球"装置来完美收集恒星能量，这个阶段的人类基本上不会有能源危机。不仅如此，在航天太空技术上，恒星文明已经能够进行恒星系间的初步探索，能够将科研性质的载人飞船送往其他恒星系。在个体上，这个等级的文明应该能够通过向体内植入计算芯片来提高自身的工作效率，不然庞大的科学体系的基础学习时间会无比漫长，可能会让人终其一生也学不完一个最细科学分支。

基本的已知疾病会被完全治愈，人类的平均寿命将会达到200岁。不仅如此，在跨恒星系探索时，还有一定的概率碰到外星文明并产生交集。

恒星文明示意图如图 8-3 所示。

图 8-3　恒星文明示意图

（3）三级文明：星系文明。

处于这个等级的文明已经完全实现了恒星系之间的旅行，

在合适的恒星系内已经能够建立殖民地，不仅如此，文明已经能够发送跨河系级别的超级探测器。例如，从银河系内发送探测器到仙女座。

文明的科技树更加枝繁叶茂，科学的分类更加细化，为了科学的发展传承，这个文明的科学家数量至少需要以一百亿为基础（知识密度）。而文明的个体为了更加高效地学习，一般的芯片已经无法满足了，文明也许会直接对个体的 DNA 进行修改，从底层实现机体的强化。

这个时候不同的星系文明之间会产生广泛的碰撞与交流，普通的能量已经无法满足尖端科学的发展。

星系文明示意图如图 8-4 所示。

图 8-4　星系文明示意图

（4）四级文明：河系文明。

这个级别的文明已经能够进行大规模的跨河系旅游，甚至还有可能进行高纬度的探索，时间也许在他们手中会成为一个可以控制的武器，这个阶段已经是现阶段的人类文明无法想象的存在了。但是他们应该已经脱离了肉体的桎梏，他们能够获取整个银河系的文明来进行河系级别的星际战争。到了这个文明阶段，似乎就已经达到了我们崇拜的天神境界。

河系文明示意图如图 8-5 所示。

图 8-5　河系文明示意图

（5）五级文明：维度文明。

这个级别的文明已经能够跨维度旅行了，多维空间对它们而言不再是阻碍。它们已经能无须各类能源了，文明的生存已经得到了彻底的保障，战争与侵略或许会彻底消失，它们唯一的目标或许就是对别的宇宙进行探索。

如果说我们和鬼神之间是有着维度相隔的，那么到了这个文明程度，我们每个人都可以自由穿梭于天堂和地狱。或许那个时候我们也能上午和玉皇大帝聊天，晚上向阎王爷要人了。或许这个级别再用行星文明的事物比喻维度文明已经很难表达。

维度文明示意图如图 8-6 所示。

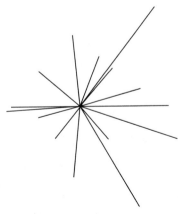

图 8-6 维度文明示意图

（6）六级文明：宇宙文明。

宇宙文明已彻底地掌握了本宇宙的所有物理规律并能够灵活运用，因果武器或许会出现。距离与维度不再是它们的障碍，甚至它们还可以进行跨宇宙间的穿梭，在某种意义上来说，这个文明在本宇宙内可以说是无所不能了，相当于"上帝的角色"，它们就是规则本身。

平行宇宙示意图如图 8-7 所示。

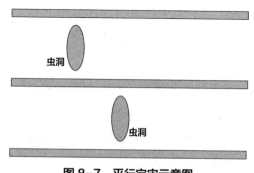

图 8-7 平行宇宙示意图

（7）七级文明：终极文明。

这个等级的文明是我们目前无法想象的存在了，或许任何文明都无法达到这个等级，或许用"文明"来形容已经不适合了，它们不再是宇宙创造出来的，而是宇宙本身的创造者，或许无数的文明就生活在它们创造的牢笼里。

目前来看，人类遇到宇宙中的任何一个文明都是一场生死考验。如果外星文明真的带着恶意而来，地球文明甚至不能与其一战，如同三体中的降维打击，实在没有还手之力。

对于跨越文明的认知，我们当前都比较难以突破人类思维的限制。埃隆·马斯克分享的对科技与人类愿景的一些思考，里面的新概念对我们当前来说够新奇与刺激，如清洁能源、人形机器人、脑机接口、火星移民，但即使这些都实现，也是最低一级文明"行星文明"的高级阶段会产生的现象，但我们普通人感觉这些已经很疯狂了。认知宇宙是一项长而遥远的事情，我们当前描绘的元宇宙更多的是使用宇宙的概念，表达的一个新事物，或者是使用一个超大概念的名词，对遥远、模糊的事物的一种类比（甚至可以说是炒作）。

8.2 盲人摸出来的元宇宙

通过 8.1 节中宇宙的概念、几个大数的概念、宇宙七级文明的概念，我们会对宇宙有一种感官上的认识。但是当前很多人看待元宇宙近乎玄学，缺乏具体形象，看起来似乎富丽堂皇，高深莫测，有一种空中花园的感觉。

本节了解什么是元宇宙，具体的元宇宙包含哪些内容。尽管元宇宙的概念已经很热，但权威定义尚未形成。

1. 元宇宙概念的起源

元宇宙在很长一段时间内仅存在于文学与影视作品中。元宇宙（Metaverse）由 Meta 和 verse 两个词根组成，Meta 表示"超越""元"，verse 表示"宇宙"。

目前人们共同认可的一个著名的事件是 Metaverse 一词来自1992 年的科幻小说《雪崩》（*Snow Crash*）。小说描绘人们在虚拟世界中通过控制自己的数字化身相互竞争以提升社会地位。里面有相关的情景：现在，阿弘正朝大街走去。那是超元域（元宇宙）的百老汇，超元域的香榭丽舍大道。它是一条灯火辉煌的主干道，反射在阿弘的目镜中，能够被眼睛看到，能够被缩小、被倒转。它并不真正存在；但此时，那里正有数百万人在街上往来穿行。

其实元宇宙的思想很早就产生于人们的生活中，历史上我们的虚实观、阴阳观都是元宇宙的思想体现，神话小说、科幻小说、虚拟游戏都是展示元宇宙中虚拟世界的表达方式。尤其是现代电子游戏提供的全方面感受的提升，使人们对元宇宙有了更多的感受。在《雪崩》出版之后的接近 30 年间，元宇宙的概念在《黑客帝国》《头号玩家》《西部世界》等影视作品，以及《第二人生》《模拟人生》等游戏中都有所呈现。在这一阶段，元宇宙的概念比较模糊，更多地被理解为平行的虚拟世界。

2. 不同领域的人对元宇宙的理解

因为元宇宙的权威定义没有确认，不同领域的人对元宇宙有不同的定义。每个领域的人都用自己的理解来描述元宇宙。一般有以下几种观点。

（1）元宇宙是下一代互联网或新一代网络。第一代互联网（Web 1.0）是"只读"的信息展示平台，网站与用户没有互动，产生了如搜狐、新浪等门户网站。第二代互联网（Web 2.0）是"互动"内容的生产网络，允许用户自主生成内容，与网站和他人进行交互和协作，如博客、社交媒体平台等。第三代互联网（Web 3.0）是"去中心"的个性化环境，内容由用户创造，数据归用户所有（这种观点将 Web 3.0 看作元宇宙的全部，是没有看到元宇宙与现实更多的结合点）。

肖风（万向控股副董事长）说过：元宇宙并不是下一代互联网，而是技术发展到一定程度后，将会出现的新一代网络（这个观点已经总结出元宇宙超越互联网的特点）。

（2）元宇宙是人类生活在三维数字世界的重构。元宇宙结合了社交媒体、在线游戏、增强现实（AR）、虚拟现实（VR）和加密货币的各个方面，允许用户进行虚拟交互，在数字世界重建人类的生活生产方式。

在 Newzoo 的报告《2021 元宇宙全球发展报告》中，西方世界的多数人认为元宇宙是虚拟世界。因此在维基百科中的描述为：元宇宙（Metaverse），或者称为后设宇宙、形上宇宙、元界、魅他域、超感空间、虚空间，是一个聚焦于社交链接的 3D 虚拟世界之网络。元宇宙主要探讨一个持久化和去中心化的在线三维虚拟环境。此虚拟环境将可以通过虚拟现实眼镜、增强现实眼镜、手机、个人电脑和电子游戏机进入人造的虚拟世界。元宇宙可以视为一种各样现成科技等巨大应用程序，即一个虚拟空间。此虚拟空间需要各种科技，如区块链、人工智能、增强现实、机器视觉。

3. 元宇宙是物理世界和数字世界的虚实共生

易股天下集团董事长易欢欢认为，元宇宙是数字经济发展到极致的社会形态，是现有前沿科学技术的集大成者，融合了虚拟世界与现实世界的超级融合体。虚实共生涵盖了现实世界中一切生产、生活，物理世界与数字世界实现实时交互、优化。

阿里巴巴研究院副院长安筱鹏认为，数字世界与物理世界的虚实共生是业界关于元宇宙的最大公约数。数字技术最大的价值在于构建了一个数字空间。数字空间与物理空间存在以下四种关系。

（1）没有被数字化的物理空间。

（2）数字游戏、数字货币是只存在于数字空间的虚拟事物，没有物理实体映射关系。

（3）数字博物馆、数字藏品等数字空间是对物理空间的单向映射。

（4）物理空间的体育场馆、炼钢高炉、人体心脏等，在数字空间有一个数字孪生体，可以实现数据的实时互动优化。

从上面四种关系可以看到人们以各自不同视角理解元宇宙，笔者认为后两种描述更加准确，更加具有长远思考。集合这些观点，我们逐渐可以看清楚元宇宙的主要概念：元宇宙应该包括物理世界和数字世界，也可以说是现实世界和虚拟世界，并且在这两个世界中构建的一组人、物、生态、活动、场景，乃至整个文明。

4. 几家有代表性公司对元宇宙的描述

我们选取在元宇宙概念上市公司 Roblox、重新定位元宇宙的 Facebook、BCG（波斯顿咨询）公司，从这三家公司对元宇宙内容的描述为参考，更具体地理解元宇宙包含的内容。

（1）Roblox 上市招股说明书中对元宇宙的描述。

Roblox 上市招股说明书中对元宇宙的描述（8 个关键特征和七层价值链）如图 8-8 所示。

2021 年 3 月 Roblox 上市时，在招股说明书中列出了平台具有通向元宇宙的 8 个关键特征，即 Identity（身份）、Friends（朋友）、Immersive（沉浸感）、Anywhere（随地）、Variety（多样性）、Low Friction（低延迟）、Economy（经济）和 City（文明）。

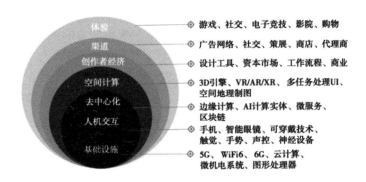

图 8-8　元宇宙的七层价值链（资料来源：Roblox 招股说明书）

（2）Facebook 更名和对元宇宙的描述。

2021 年 10 月 28 日，Facebook 将其公司名称更改为 Meta platforms，扎克伯格表示公司将以元宇宙为先，而不是 Facebook

优先。巨头 all in 元宇宙概念更是引发了市场对于元宇宙的持续关注。扎克伯格认为理想的元宇宙应具有 8 个要素：参与感（Presence）、虚拟形象（Avatars）、个人空间（HomeSapce）、瞬间移动（Teleporting）、互操作性（Interoperability）、隐私安全（Privacy and safety）、虚拟商品（Virtual goods）、自然交互（Natural interfaces）。

（3）BCG（波士顿咨询）分析中对元宇宙的描述。

BCG 认为元宇宙的魔力是由三大技术和用户群体交相融合的产物。三大技术是元宇宙平台、AR/VR/MR、Web 3/ 虚拟资产。

首先，智能手机、平板设备和个人电脑日益普及，运算能力空前提高，加之云服务和通信能力的改善（如光纤和 5G），推动元宇宙平台（Metaverse Platforms—M-Worlds）蓬勃发展，吸引了数以百万计的活跃用户。

其次，增强现实、虚拟现实和混合现实（AR、VR 和 MR）的头显市场快速发展。例如，Meta Quest 2 等设备已降至较为亲民的价格，且易于设置和使用。

最后，重要的是 Web 3.0 技术栈（Web 3 Technology Stack）为虚拟资产保驾护航，大幅提升其作为可获取、可交易对象的吸引力。

BCG 分析中的元宇宙组成部分如图 8-9 所示。

元宇宙（Metaverse）是利用科技手段进行链接与创造的，与现实世界映射和交互的虚拟世界，具备新型社会体系的数字生活空间。

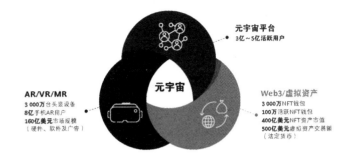

来源：Matthew Ball；彭博资讯；ARtillery Intelligence；Binance Research；BCG 分析。
注：2021 年数据。

图 8-9　BCG 分析中的元宇宙组成

5. 盲人摸象感知出来的元宇宙

了解了元宇宙概念的起源、不同人的观点和三家公司的看法，那么元宇宙应该是什么？具体包含哪些内容？既然有不同的观点，我们又不能明确否认某种观点，就可以采用盲人摸象的方法，感受它的多个组成部分。

盲人摸象的方法：几个盲人不清楚大象长什么样子，通过触摸大象来感受它的样子。大象实在太大了，每个人只摸到了大象的一部分。于是摸到大象腿的盲人说："大象就像一根大柱子！"摸到大象鼻子的盲人说："大象又粗又长，就像一条巨大的蟒蛇。"摸到大象耳朵的盲人说："大象又光又滑，就像一把扇子。"摸到大象身体的盲人说："大象又厚又大，就像一堵墙。"摸到大象尾巴的盲人说："大象又细又长，活像一根绳子。"

虽然这是一则寓言故事，但如果对于未知和庞大的事物，我们把多个角度、多个人群理解的事物局部汇集到一起，也能够"看清楚"新事物。运用这种盲人摸象的方法，我们选择几个有代表性的内容来理解元宇宙。

通过上面不同领域的人给出的元宇宙概念和三家公司对于元宇宙的描述，可以"摸出"元宇宙的一些共性特点。

（1）元宇宙一定包含现实世界、虚拟世界，以及在这两个世界上的建设。

（2）Roblox 中元宇宙的 8 个关键特征和扎克伯格描述的理想元宇宙应具有的 8 个要素，是构成现实世界和虚拟世界的元素和系统，以及它们表现出来的特征，描述在这两个世界中当前可进行的建设，未来还会有更多的想象空间。

其中，元宇宙主要组成部分的具体内容如下。

（1）虚拟世界。由游戏、电影、小说等方面来建设虚拟世界的元宇宙，并注意虚拟和现实的结合（体现上面的 8 个关键特征和 8 个要素），如果是纯虚拟的游戏，就缺少了元宇宙的特征。当前 Roblox、Sendlife 等游戏就是这样的案例。

（2）现实世界。通过 AR、VR、MR 等硬件设备和其他现实世界的技术，让人们感知虚拟空间的事物和场景。突出现实世界中的虚拟成分（同样体现上面的 8 个关键特征和 8 个要素），纯现实的应用一般也缺少了元宇宙的特征，或者将其规划到价值互联网会更符合特点。现实应用中的虚拟数字人、模拟训练等都是现实世界中使用虚拟技术的案例。

（3）虚实结合。完全的虚实结合，以至于不能区分虚拟和现实的场景，当前还比较少。《黑客帝国》和《三体》中描述的场景更像这种虚拟结合的案例。

（4）基础设施。为了实现虚拟世界和现实世界的联系与展现，所需要的硬件、网络、算力、算法等相关建设也是元宇宙必不可少的内容。所以当前元宇宙的概念虽然遥远和模糊，但确实可以和各个行业相结合，为各个行业产生推动力和想象力。

随着应用技术的迭代和算法的优化，现阶段元宇宙已初步具备游戏、娱乐、教育、生产、社交、创作等现实功能，也已具备身份、朋友等社会属性，同时由于引入了区块链的概念和技术，使元宇宙具备构建去中心化经济体系的能力，距离初步构建平行于现实的虚拟数字世界更近一步。

8.3　元宇宙的技术架构

通过上面的章节，我们看到了元宇宙应该包含的内容。为了建设这些内容，需要多种技术的集成支持，不仅需要底层硬件的支持，同样也需要上层应用和算法的发展。著名风险投资人 Matthew Ball 提出可以从 8 个类别追踪元宇宙的底层技术发展：硬件，网络，算力，虚拟平台，交互协议和标准，支付方式，元宇宙内容、服务和资产，用户行为。

进一步归纳总结，认为硬件、算力、通信网络和物联网技术是支撑元宇宙发展的底层基础设施；计算、区块链技术、人工智能、交互技术、场景技术是软件支撑系统；经济系统、元宇宙内容、组织与规则、服务和体验是上层应用，如表 8-1 所示。

表 8-1 元宇宙的技术架构说明

一级分类	二级分类	详细内容
上层应用	服务和体验	游戏、社交、工作、购物……
	元宇宙内容	虚拟土地、数字资产、沉浸感受……
	组织与规则	DAO、DAC、群组、公司、单位……
	经济系统	支付、金融、资本市场……
软件支撑系统	场景技术	3D 建模、空间制图、实时渲染……
	交互技术	VR、AR、MR、脑机接口……
	人工智能	信息处理、信息论、控制论……
	计算	云计算、边缘计算、大数据……
	区块链技术	区块链、xFT、智能合约……
底层基础设施	算力	计算设备、手机、矿机……
	物联网技术	传感器、微机电、感知技术……
	通信网络	光纤、路由器、5G、WiFi……
	硬件	处理器、存储器、手机、穿戴设备……

1. 底层基础设施

（1）硬件。硬件是元宇宙中现实世界与虚拟世界的重要基础，是支撑软件和应用软件运行的载体。硬件为运行上层软件和应用的所有设备，包括处理器、存储器、手机、穿戴设备……

（2）算力。算力设备为元宇宙中的各种应用提供计算能力，这些算力设备可以分布在云（云服务）、边（边缘计算）、端（终端设备），包括计算设备、手机、矿机……

（3）通信网络。网络通信技术是为人人之间和物物之间建立连接，包括当前的网络连接技术，以及 5G、6G 等新技术，它们为连接提供更先进的低延迟、高速度、规模化的网络接入。这样才能连接更多的事物，让它们之间能够快速通信，并将世界连接到一起。

（4）物联网技术。物联网技术为元宇宙万物互联及虚实共生提供可靠的技术保障，其中感知层技术为元宇宙感知物理世界万物的信号和信息来源提供技术支撑，网络层技术为元宇宙感知物理世界万物的信号传输提供技术支撑，而应用层技术则将万物链接并有序管理，是元宇宙万物虚实共生的最重要支撑。

2. 软件支撑系统

（1）计算。数字空间的价值在于与物理空间交互的实时性，它对通信和计算能力提出了更高的要求。元宇宙对高算力和低时延提出了新要求，云计算通过提供快速创新、弹性硬件和规模经济，可以提供功能更强大、更轻量化的终端设备。包括云计算、边缘计算、终端计算、AI 计算、大数据技术……是上层应用的计算基础。

（2）区块链技术。区块链技术在现实世界和虚拟世界都有各自的作用，并作为现实与虚拟之间的通道，使事物在两个世界中联系与互动。在现实世界中，区块链技术构建数字资产和相应的功能应用；在虚拟世界中，区块链技术构建虚拟资产、虚拟身份和情节逻辑，并保证虚拟世界中系统的运行。区块链中的 FT、NFT、SFT 是构建虚拟空间的基本元素，并映射现实世界中的同类物体。区块链的基础性质和智能合约还提供构建上层应用中的经济系统与组织系统的能力。

（3）人工智能。为元宇宙大量的应用场景提供技术保障。例如，通过计算机视觉将现实世界的图像数字化呈现，为元宇宙提供虚实结合的观感；通过机器学习为元宇宙中所有系统和角色达到或超过人类学习水平提供技术支撑，提高元宇宙的运行效率和智慧化程度；通过智能语音和自然语言处理技术，为元宇宙主客体之间提供准确的交流和理解。人工智能控制理论也是虚拟世界运行的决策组成部分。

（4）交互技术。交互技术是元宇宙的关键技术，是连接现实世界和虚拟世界的重要通道。交互技术为我们提供各种感官感受，让我们在视觉、听觉、嗅觉、触摸等感觉中获得信息。交互技术的持续迭代升级，为元宇宙用户提供沉浸式虚拟现实阶梯，不断深化感知交互。主要包括虚拟现实（VR）技术、增强现实（AR）技术、混合现实（MR）技术、全息影像技术、脑机接口交互技术、传感技术等。交互技术可以说是元宇宙的核心部分，是通往元宇宙的实现路径。随着技术的发展，人们会逐渐不能区分虚拟与现实。

（5）场景技术。将现实世界在虚拟世界重建需要各种软件工具和开发平台，包括 3D 建模、空间制图、仿真优化、实时渲染等技术，这些技术是现实世界映射到虚拟世界的支撑。

3. 上层应用

（1）经济系统。现实世界与虚拟世界都存在经济系统，经济规则是维护两个系统运行的重要机制，包括货币、支付、金融、资本市场……是元宇宙中"看不见的手"。

（2）组织与规则。现实世界与虚拟世界都需要组织机构和其上的规则制度，用以完成这个世界中的契约规则管理。从传统的公司、单位、群组，到 Web 3.0 时期的去中心化组织 DAO、DAC……为元宇宙的建设提供了组织机制。

（3）元宇宙内容。现实世界中的事物我们已经充分感受，虚拟世界中的虚拟土地、数字资产、场景等都需要建设，并通过交互设备给予我们沉浸感受。

（4）服务和体验。有了这些基础，元宇宙中的游戏、社交、工作、购物、娱乐……都可以构建。当前在虚拟世界和现实世界两个方向都在建设中，虚拟世界进行的主要是 Game 与 GameFi、Social 与 SocialFi 等内容，这些技术是虚拟世界模仿现实世界。现实世界进行的主要是仿真优化、实时渲染等数字技术，这些技术是现实世界映射到虚拟世界，以及类似 OpenSea 那种在现实世界里进行的数字资产交易。

8.4 元宇宙的发展阶段与生态系统

目前，大规模元宇宙的建设还十分遥远，但虚实融合已是未来互联网发展的大趋势。元宇宙的建设已经开始，正慢慢生成一个生态。

1. 元宇宙的发展三阶段

在业内，大家认可元宇宙的发展是人类文明中的数字化进程，它包括三个阶段：数字孪生、数字原生和数字永生（或虚实共生）。因而，元宇宙的发展，也将具有对应的三个阶段。

（1）数字孪生：数字孪生是现实世界向数字世界的映射，以数字化方式创建物理实体的虚拟体。自计算机诞生以来，数字孪生从未停止。但是，从 Web 3.0 开始，数字孪生不再是简单的数字化，而是将现实世界的基本元素 FT（同质化事物）、NFT（非同质化事物）、SFT（半同质化事物）与区块链世界的 FT（同质化 Token)、NFT（非同质化 Token)、SFT（半同质化 Token）开始建立映射关系。其中数字货币的映射是最先进行的领域，虽然在现实世界和数字世界有两种货币体系，它们都在发展，并且其中的稳定币称为现实货币体系与数字货币体系的桥梁，构建了两个世界的联系。DeFi、DAO 和其他非金融的区块链应用也是数字孪生阶段 FT（同质化事物）的应用发展。非同质化的 NFT 是两个世界种类更丰富，场景更复杂的基本元素。从虚拟头像到数字藏品的蓬勃发展，是这两个世界的非同质化事物映射系统。

（2）数字原生：数字原生是创造现实与人类发展中的新知识。在 Web 3.0 时代，这个过程就是在创造现实中不存在的艺术、资产、文化 IP 和商业模式。数字原生在互联网世界表现突出，但在 Web 3.0 领域创建了很多数字化资产，我们认为，包括 DeFi、GameFi、SocialFi、NFT 等都是数字原生的重要组成部分。人类的生命不再以肉体生命为标志，从最初的脑机接口到人身体部分器官的替换，是这个阶段的生命特征。

随着科技的发展，人类的意识与记忆也可以上传到元宇宙中，最终实现数字世界与现实世界的二元融合，人类可以在元宇宙中获得数字化永生。另外，虚拟人物也会拥有自主意识，它们会谋求从虚拟世界到现实世界的跃迁，数字生命也可能拥有与现实生命同等的权利。美国电视剧《上载新生》中讲述了未来当人类即将死亡时，他们可以把全部记忆和意识"上载"到数字空间，数字空间是另一个人类社会，他们还可以随时与现实空间的亲友进行可视化的场景互动，从而实现数字永生。

（3）数字永生：数字永生是形成了真正的元宇宙，这个阶段还比较远，应该在我们超越行星文明阶段之后才会发生。这个阶段，人类的生命也许从碳基生命发展到了硅基生命，我们当前对这个阶段的描述大部分都不会正确。

因此我们当前更多的是从数字孪生来建设，并以数字原生为生态中的各个领域的发展方向。

可以参考《元宇宙＆元宇宙通证套装》中的相关概念。（笔者认为图 8-10 中的描述还需要做一些调整，并且不再使用 Web 的概念，而是使用互联网的代际划分标准。）

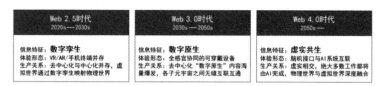

图 8-10 《元宇宙＆元宇宙通证套装》中对时代的划分和特征描述

2. 元宇宙生态中涉及的主要产业

通过 8.3 节中的元宇宙技术架构，以元宇宙为代表的"技术创新"趋势，直接涉及以下产业环节：

（1）底层架构：如区块链、NFT、虚拟货币等。

（2）后端基建：如 5G、GPU、云化、边缘计算、AI+ 等。

（3）前端设备：如 AR/VR、智能可穿戴、脑机接口等。

（4）场景内容：如沉浸式游戏、智慧医疗、工业设计、智慧教育等。

因此建议如下：

（1）推动元宇宙相关专精特新技术发展，如 VR、AR、云计算、大数据、物联网、人工智能。

（2）推动元宇宙相关行业发展，如 Web 3.0 的软件行业，构建物联网与虚拟体验设备等硬件行业。

（3）推动元宇宙产业全球化，智慧城市、智慧园区、智能汽车、电子商务、数字旅游、教育类游戏、心理治疗、老人陪伴和国潮时尚。

构建元宇宙产业链的七个层次，依据 Beamable 创始人 Jon Radoff 提出的观点。这些观点是考查元宇宙产业链可以分为七个层次，由底层基础设施向外延展直到用户体验层面，从内到外包含以下内容：

（1）基础设施层（5G、WiFi6、云计算、图形处理等）。

（2）人机交互层（VR 眼镜、VR 头显等设备）。

（3）去中心化层（边缘计算、区块链等技术）。

（4）空间计算层（3D 引擎、VR/AR/XR、多任务界面等）。

（5）创作者经济层（设计工具、货币化技术、资产市场等）。

（6）发现层（手机、VR 终端应用商店等）。

（7）体验层（玩游戏、社交、听音乐、看电影等）。

当前在这些领域探索的厂商有以下几个：

（1）投资建议硬件设备，如 Meta Platform、Microsoft、Microsoft、Nvidia、高通等。

（2）内容与应用场景，如 Roblox、腾讯、Meta Platform、字节跳动等。

（3）基建与工具方面，如 Nvidia、AMD、Epic、Unity 等。

建议关注 Roblox（RBLX.US）、Meta Platform（FB.US）、Nvidia

（NVDA.US）、Microsoft（MSFT.US）、腾讯控股（700.HK）。

从投资报告中观察到的当前元宇宙的产业生态如图 8-11 和图 8-12 所示。

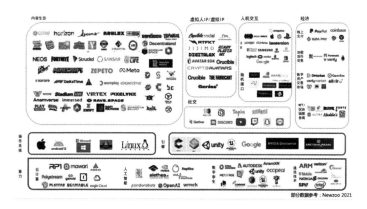

图 8-11　国外元宇宙产业生态（来自 Newzoo2021 年分析报告）

图 8-12　国内元宇宙产业生态（来自清华大学的研究报告）

8.5　元宇宙的价值功能

为什么产生元宇宙？文艺创作、想象、科幻、神话等是我们理解未知世界的一种方式。人在现实世界所缺失的或不能实现的事物，将努力在虚拟世界进行描绘和构建。随着技术的发展，当有可能实现虚拟世界的某些事物时，人们又开始在现实世界实现虚拟世界中的超前设想。在计算机的世界里，软件是人类思想的编码，具有几乎无限的设计空间，可以实现比现实世界更丰富的信息表达。从虚实两个方面来理解世界，是高级文明的重要特征。

人类感知外部世界有六种方式。前五种常见感觉是指形、声、闻、味、触，分别对应人的视觉（眼）、听觉（耳）、嗅觉（鼻）、味觉（舌）、触觉（肌肤）。这五种感知能力是我们感知物理世界的能力，这五种感知能力我们已经在充分使用。

第六感是标准名称"超感官知觉"（ESP）的俗称，又称"心觉"，此能力能透过正常感官之外的管道接收信息，能预知将要发生的事情，与当事人之前的经验累积所得的推断无关。也许第六感就是我们超越物理世界的能力，是那扇连接虚拟世界的门。

我们对于虚拟世界的感知很弱，或者说很初级，也许是受限于我们的文明程度。虚拟世界或许是一种更高级、更广泛存在的事物，现实世界或许就是虚拟世界模拟的一个场景。人类中的一些探索者已经开始这样思考了。例如，埃隆·马斯克说过：从统计学角度看，在如此漫长的时间内，很有可能存在一个文明，而且他们找到了非常可信的模拟方法。这种情况一旦存在，他们建立自己的虚拟多重空间就只是一个时间问题。人类极可能生活在更高文明模拟的矩阵游戏中。马斯克的"矩阵模拟假设（Matrix-Style Simulation）"理论是根据宇宙已经存在138亿年的事实提出来的。

如何认识更广阔的空间、更广阔的事物？元宇宙应该就是我们的一种探索路径。基于当前的现实世界，从可以进行的虚拟游戏，数字孪生，借由传感器、AR/VR/MR 等交互设备，建设和体验虚拟世界。这种建设和探索也是我们促进当前现实世界技术发展的很好形式，我们可见的 Web 3.0 应用已经为我们提供了像数字货币、DeFi、NFT、DAO、GameFi、SocialFi 等新应用与新技术，同时像溯源、数据保全、可信数据建设等能力也在加强信息技术的发展。在工业制造领域，元宇宙中的技术，可以构建细节极致丰富的拟真的环境，营造出沉浸式的在场体验，帮助我们以更低的成本、更便捷的方式、更快捷的生产速度，推动生产制造业的发展。

元宇宙有非常重要的价值，可以与我们各个行业相结合。在短期上，推动各行各业新技术的发展，从而促进社会的整体进步；在长期上，是推进人类文明进步的一种重要探索方向和路径，也许是文明升级的一种重要尝试。

元宇宙短期的狂热会存在炒作和泡沫，长期看是未来趋势，在这个领域，我们既要仰望天空又要脚踏实地，当前需要聚焦于元宇宙基础设施和 Web 3.0 产品探索。

8.6 元宇宙的虚拟世界与现实世界

元宇宙最终将是现实与虚拟的全面交织，因此元宇宙有以下两个建设方向：

（1）由虚向实。由小说、游戏、电影等来建设虚拟世界的元宇宙，在条件成熟后，将一些场景向现实转移。

（2）由实向虚。通过 AR、VR、MR 等硬件设备和其他现实世界的技术，让人们感知虚拟空间的事物和场景。

最终这两个方向的发展产生交集，形成元宇宙的时代，人们不再或不能区分哪些是虚拟，哪些是现实，人们充分享受沉浸感和融入感。人类将会升级到高阶文明，虚拟和现实的区分也会失去意义。元宇宙阶段将会建设新型的经济结构、组织结构和新的文化。

1. 虚拟世界的建设

当前的元宇宙建设内容有映射现实，即现实世界向虚拟世界的迁移，当前阶段涉及虚拟化身、社交、协作与创作、数字孪生、虚拟资产等与现实紧密相关的映射单元。

（1）虚拟世界的沉浸感：这些沉浸感有多种方式。首先是 XR 设备带来的感觉上的物理沉浸。其次是通过在虚拟世界构建社交关系，进而产生长时间驻留，形成基于社交的心灵沉浸。再次是人们开始无法离开元宇宙，也不在意是否需要从元宇宙中跳转到现实世界，这时候形成思想沉浸。最后是终极沉浸，即人们可以在元宇宙获得生生不息的能力，从而达到生命沉浸。

虚拟现实技术是元宇宙的入口，也是面向用户的前端技术之一。虚拟现实技术其实可具体分为具有差异的三种，即 VR（虚拟现实）、AR（增强现实，把虚拟的东西叠加到现实世界）、MR（混合现实，把真实的东西叠加到虚拟世界）。通常人们会把上述三种统称为 XR（扩展现实）。三者的视觉交互技术相融合，为体验者带来虚拟世界与现实世界无缝转换的沉浸感。XR 是目前最能为用户带来真实与虚拟相结合体验的一种技术手段。

（2）虚拟世界的物品与交易：在当前的元宇宙概念中，人们可以有一些简单的虚拟与现实的互动，如游戏 Decentraland（译为"去中心化的大陆"），现实世界的人们可以在这个虚拟世界中进行土地买卖、设施建设等，并从中获利。用户可以登录 Decentraland 参观、体验里面的虚拟世界。类似的虚拟世界，会将人们的生活与娱乐融为一体，有可能成为下一个大型社交网络、一个繁荣的商业城市以及一种新型"空间"互联网的门户，并与现实世界更加紧密地连接和互动。

但这些和现实世界很相似的虚拟房地产（如图 8-13 所示）会产生哪些影响？是好是坏？现实社会的运行机制，是否可以作用到这些虚拟房地产之上？

图 8-13　虚拟房地产示意图

2. 现实世界的建设

在众多元宇宙资料中，于佳宁博士的《元宇宙》提出的元宇宙时代的六大趋势更具有应用的宏观指导作用（能够有这样的效果，源自于佳宁博士的工作背景，曾任工业和信息化部信息中心工业经济研究所所长）。

- 趋势 1：数字经济与实体经济深度融合。
- 趋势 2：数据成为核心资产。
- 趋势 3：经济社群崛起壮大。
- 趋势 4：重塑自我形象和身份体系。
- 趋势 5：数字文化大繁荣。
- 趋势 6：数字金融实现全球普惠。

这六大趋势是建设现实世界或者实业发展的指导思想。具体的产业内容可以参考 8.4 节中生态发展系统的相关内容。

8.7 Web 3.0 构建元宇宙的经济系统和组织结构

在元宇宙的数字世界（或虚拟世界）中，区块链技术是核心的底层，通过数字世界的基本元素 FT、NFT、SFT 以及之上的功能模块（智能合约与预言机），构建了数字世界的各种应用。Web 3.0 技术构建了其中最重要的经济系统和组织结构，其他虚拟技术构建了场景、运行规则等上层建筑，如图 8-14 所示。

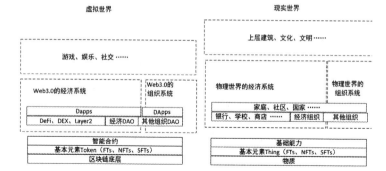

图 8-14　Web 3.0 构建元宇宙的经济系统与组织结构

1. Web 3.0构建的经济系统

虚拟世界也存在经济系统，经济规则是维护虚拟世界的重要机制。Web 3.0 构建了包括数字货币、支付、DeFi 金融系统、资本市场等整个经济基础。同时 Web 3.0 建立的这套经济系统也在现实世界中工作，并逐渐融入现实世界的经济系统，是横跨现实与虚拟的经济系统基础。

2. Web 3.0构建的组织结构

虚拟世界也需要组织机构和规则制度，用以完成虚拟世界中契约规则的管理。Web 3.0 构建了去中心化组织 DAO、DAC……并且这种组织机制同时为虚拟世界与现实世界一起服务，是元宇宙建设的组织机制。

3.Web 3.0 构建的上层应用

完成了经济系统与组织结构建设，就可以建设元宇宙的上层应用，游戏、社交、工作、购物、娱乐……当前开发的 Game 与 GameFi、Social 与 SocialFi，以及其他 Web 3.0 应用、物理世界的沉浸式体验和智慧产业，都是元宇宙的上层应用。

第
9
章

Web 3.0 带来的革命与时代机遇

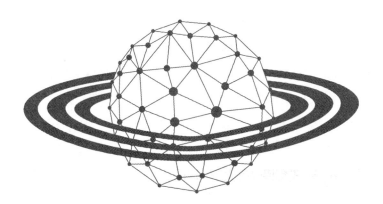

创新是人们日常生活与工作中经常遇到的一个概念，创新在现代社会中起到越来越重要的作用。按照创新的程度，我们一般将技术创新区分为渐进创新、突破性创新。一般只有在突破性创新时代才能带来革命性的变化，产生时代性机遇。

区块链技术是一项具有综合创新特点的技术，尤其具有突破性创新的特征。从2008年产生到现在，其发展经历了近15年，从早期的数字货币，发展到了基于智能合约的应用平台，产生了很多Web 3.0早期应用，发展到今天，Web 3.0的生态产生了GameFi、SocialFi、DAO等更广泛、更复杂的应用。区块链技术本身提供了一套完整的价值实现体系，与以往技术有着明显的不同，会将人类带入到价值互联网时代。在这个新时代来临的时候，会产生很多的变革和时代性的机遇，我们需要拥抱这个新时代。

9.1　颠覆式创新的力量与机遇

1. 经济学中与创新相关的知识

关于创新理论，奥地利经济学家约瑟夫·熊彼特在1912年出版的《经济发展理论》中有了对创新的内容、基本概念、思想比较完整的阐述，第一次形成了创新的系统性理论，其后续几年的研究又对这种创新理论进行了完善和补充。在熊彼特的创新理论中，指出生产要素的新组合就是创新，其具体内容包括以下五个方面：

（1）引入一种新的产品。

（2）引入一种新的生产方法。

（3）新市场的开放。

（4）征服、控制原材料或半制成品的新的供给来源。

（5）任何一种工业实行的新组织。

随着时代的发展，后来的经济学家将这些内容总结成更简洁的表述：产品创新、技术创新、市场创新、资源配置创新和组织创新。这些创新模式被认为是后来产业创新的思想萌芽。在企业创新理论中，前两者称为技术创新，后三者逐渐演化为营销创新与组织创新。

熊彼特模型借助技术演化的思想认为，不同阶段国家的政府促进创新的重点应当有所差异，后发展国家应致力于促进技术引进和模仿，接近技术前沿的国家则应鼓励原始性创新。

2. 颠覆式创新的力量

突破性创新、破坏性创新、颠覆式创新都是能够带来巨大变化的创新。它们表现为这样一个过程：新的创新涌现，让现有技术变得过时；新的企业加入，与现有企业展开竞争；新的工作岗位与生产活动出现，取代现有的工作岗位与生产活动。

通过创造性破坏实现增长源自熊彼特提出的三个理念：

（1）创新与知识传播是增长过程的核心。长期增长是累积式创新的结果，每个创新者都站在"巨人的肩膀上"。

（2）创新依赖激励和财产权利保护。创新会对制度和公共政策的正面与负面激励做出反应，是一种社会作用过程。

（3）创造性破坏。新的创新让以往的创新变得过时。

历史上，每次重要创新的产生，都会推动生产力的极大发展。每次重大的创新变化一般使用专利数量来衡量，如图 9-1 所示（笔者补充了价值互联网的预测部分）。

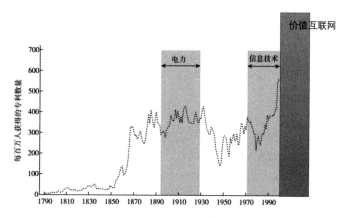

图 9-1　阿吉翁描述的每个创新浪潮对应的专利数量

3. Web 3.0 与 Web 2.0、Web 1.0 相比有哪些颠覆式创新

在 Web 1.0 时代，互联网的出现给各行各业带来了第一次信息技术的创新体验，其新颖的信息展现形式和众多的网络软件产生，激起了人们的强烈兴趣。于是，其势一发不可收拾，世界各地的企业及个人纷纷涌入 Internet，带来 Internet 发展史上一个新的飞跃。也许今天的人们不能感受到这种变化的力量，但 Web 1.0 时代网络从无到有，给人们带来的变化是巨大的。从另一个角度

看待网络，它将我们人类存储知识、获取知识、使用知识的能力从个体越来越向群体发展，开始了人类智慧的协同发展。这个变化期可以从图 9-1 中的信息技术起始阶段得到体现。

在 Web 2.0 时代，前半部分是 PC 互联网的发展成熟期，在创新的体验上是一种渐进式创新，我们使用互联网的体验更好，应用更丰富。在 Web 2.0 时代，当移动互联网到来时，因为它的几个显著特征（永远在线、时间、空间和身份），又给人们带来了更多惊喜的体验，这些变化大多具有颠覆式创新的特点。这个变化期可以从图 9-1 的信息技术阶段的变化曲线中得到体现。

Web 3.0 时代还没有完全到来，通过前面章节我们分析它的核心特征：以用户为中心、拥有经济模型激励、自治与共治。这些创新特性将我们从信息互联网带入价值互联网，并且改变了网络上最重要的数字资源的权属关系，同时内置经济模型和可以执行规则的自治组织机制。这些变化具有强大的颠覆式创新的特点。这种变化将是信息互联网与价值互联网的差异（见图 9-1）。

4. Web 3.0 时代的机遇

（1）Web 3.0 本身的创新特质带来的机遇。前面章节梳理了 Web 3.0 的核心特征和相关应用，这些颠覆式创新带来的变化带给各个行业众多的发展机会。当前 Web 3.0、元宇宙等热点概念的涌现，是这种创新带来的表象，首先，在信息技术领域，从底层的计算架构、安全协议到开发工具、应用，再到终端设备，无不面临着颠覆性的机遇和挑战。其次，信息技术领域的变化逐渐会渗透到其他领域，从而给其他领域也带来重大的变革。

（2）经济大周期的叠加效应。2020年以来，一场前所未有的疫情危机席卷了全球，并且持续了近三年。疫情的影响和国际形势的动荡，加剧了经济发展的困难，不仅使一些传统企业走向破产，也摧毁了大量的就业岗位。在目前的危机以及今后的发展中，我们该怎么改变？应该选择哪些方向发展？是很多企业和个人需要深入考虑的问题。对于危机我们需要看到它的另一面，危机加速了旧事物的消失，也为新的创新活动创造了空间。疫情期间，人们在生活上更加熟悉在线预定与在线购物，工作上习惯了远程办公和视频会议，这种习惯也将在线办公、在线购物这些网络应用打磨得更加便利和易用，在线商家也加大对新业务的投入，传统商家也被吸引到这个领域。经济大周期与疫情的影响将会加速传统产业的变化。

（3）利益分配方式带来的机会。每一次利益分配方式的变革，都会产生新的组织形式和生产方式。著名的案例可以从传统的雇佣关系向员工持股变化的案例得到验证。

1957年，一群被称为"八叛徒"的工程师离开肖克利半导体实验室创立了仙童半导体（见图9-2），投资者以一种新型的报酬来奖励他们的背叛：股票期权。如果仙童做得好，他们会做得很好。

当时的选择似乎很激进。初创公司是有风险的，而且他们的资金几乎没有更成熟的竞争对手那么多。期权给员工带来改变生活的报酬的小机会，是初创公司弥补这种风险的方式，它们一直是推动硅谷半个世纪飞速崛起的一个重要原因。仙童半导体8个创始人后期的进一步分裂和创建新公司，几乎是创造整个硅谷的模式与人才的基石。

图 9-2　创建仙童半导体的 8 个创始人

随着越来越多的利益相关者分享自己创造的财富，他们被激励进行协作、实验和创新。例如，如果没有员工持股计划（ESOP），就不会有硅谷。

当初的股权对于员工的激励如此之大，Web 3.0 应用带来的权益分配对于用户的激励作用会有多大？从没有任何公司形式的比特币，到当前各种著名公有链系统都在区块链内经济模型的激励下运行良好。在应用层体现利益再分配的 GameFi、SocialFi、DAO 等去中心化的各种应用，都开始体现出生命力。

9.2　Web 3.0 带来的革命与"文艺复兴"

回顾历史，从历史上的每一次重大变革和相关变化的角度，我们可以推理和分析出 Web 3.0 带来的变革与影响。

1. 历史上的工业革命

詹姆斯·瓦特于 18 世纪 70 年代发明了触发第一次工业革

命的蒸汽机，产生了第一次重大技术革新浪潮。这场革命始于英格兰与法国，然后扩展至其他西方国家，特别是美国。

电力的发明则启动了第二次工业革命，其黄金时代在 20 世纪上半叶。第二次工业革命始于托马斯·爱迪生于 1879 年发明灯泡以及维尔纳·冯·西门子于 1866 年发明发电机。罗伯特·戈登把这次技术浪潮称作"一波巨浪"，它从相反方向跨越大西洋，最早于 20 世纪 30 年代兴起于美国，到第二次世界大战后扩展至其他工业化国家。

第三次工业革命"信息技术革命"，始于英特尔公司的工程师费德里克·法金、马西安·霍夫与斯坦·马泽尔在 1969 年发明的微处理器。之后的互联网技术是信息技术发展的新阶段，其影响力巨大。

这些工业革命在历史上产生了重大的影响。不仅推动了生产力的发展，而且推动了与生产力相匹配的生产关系的变化，形成了技术与制度的协同演化过程，如图 9-3 所示。

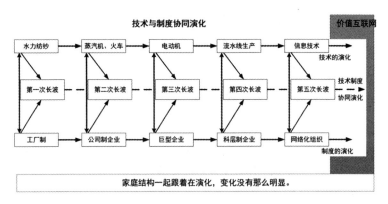

图 9-3　协同演化图

2. 文艺复兴

文艺复兴（Renaissance）是指发生在14世纪到16世纪的一场反映新兴资产阶级要求的欧洲思想文化运动。

文艺复兴的概念在14世纪到16世纪时已被意大利的人文主义作家和学者使用。当时的人们认为，文艺在希腊、罗马古典时代曾高度繁荣，但在中世纪"黑暗时代"衰败湮没，直到14世纪后才获得"再生"与"复兴"，因此称为文艺复兴。

文艺复兴最先在意大利各城邦兴起，以后扩展到西欧各国，于16世纪达到顶峰，带来一段科学与艺术革命时期，揭开了近代欧洲历史的序幕，被认为是中古时代和近代的分界。文艺复兴是西欧近代三大思想解放运动（文艺复兴、宗教改革与启蒙运动）之一。

11世纪后，随着经济的复苏与发展、城市的兴起与生活水平的提高，人们逐渐改变了以往对现实生活的悲观绝望态度，开始追求世俗人生的乐趣，而这些倾向是与天主教的主张相违背的。在14世纪城市经济繁荣的意大利，最先出现了对天主教文化的反抗。当时意大利的市民和世俗知识分子，一方面极度厌恶天主教的神权地位及其虚伪的禁欲主义，另一方面由于没有成熟的文化体系取代天主教文化，于是他们借助复兴古希腊、罗马文化的形式来表达自己的文化主张。因此，文艺复兴着重表明了新文化以古典为师的一面，而并非单纯的古典复兴，实际上是资产阶级反封建的新文化运动。

文艺复兴这场文化运动对近代早期欧洲的学术生活造成了深刻的影响。它从意大利兴起，在16世纪时已扩大至欧洲各国，其影响遍及文学、哲学、艺术、政治、科学、宗教等知识探索的各个方面。文艺复兴时期的学者在学术研究中使用人文主义的方法，并在艺术创作中追寻现实主义和人类的情感。

3. Web 3.0 带来的革命与 "价值模式的复兴"

在经历了平台经济的高速增长和全球相对宽松的监管环境后，全球的互联网公司特别是平台型公司越来越多地影响我们的生活。这些 Web 2.0 时代巨型平台型公司的形成，几乎垄断了整个互联网的发展，在缺少竞争的情况下，它们不仅不思进取（不在技术方面创新，反而通过收购抑制创新），还变得越来越贪婪。比较像文艺复兴前的中世纪 "黑暗时代"，造成科技和生产力发展停滞或减缓，在没有新的划时代技术推动下，这种局面很难改变。

Web 3.0 的出现，开始打破了这种局面。如果说 Web 1.0 开启了网络时代，改变了人们获取信息的方式，那么 Web 2.0 改变了交互方式和服务体验，Web 3.0 有可能彻底改变协议和价值交换。它通过使用经济模型激励网络参与者来改变互联网后端的数据结构，引入通用状态层。

刚接触 Web 3 的人，一般都持有怀疑的想法，并有很强的戒备心理，在熟悉了应用并明白了原理后，很多人会决定 "All in Web 3"。虽然原因各不相同，有人想着割 "韭菜"，割一波就跑；有人喜欢高风险投资；有人单纯被创新的金融模式吸引，而有的则是希望通过新的技术和商业模式改变传统行业。这里聚集了骗子、"韭菜"、理想主义者和实干家。

Web 3.0 拥有新的能力与特色，它的核心特征（以用户为中心、拥有经济模型激励、自治与共治）会提供构建新时代的基础。不管 Web 3.0 这个时代的开始如何，它都会将我们带入价值时代，经过发展的洗涤和沉淀，那些真正具有创新本质与创造了价值的应用会成长起来。

接下来，我们从商业模式与生产关系两个方面的变化，来理解这种价值传递模式带来的影响力。

9.3　Web 3.0 对商业模式的变革

为何需要 Web 3.0？笔者认为很大一个原因是 Web 3.0 重构了很多商业模式。

1. 商业模式定义（采用维基百科的描述）

商业模式是一个理论工具，它包含大量的商业元素及它们之间的关系，并且能够描述特定公司的商业模式。它能显示一个公司多个方面的价值所在：客户、公司结构，以及以营利和可持续性营利为目的，用于生产、销售、传递价值及关系资本的客户网。

这里以包含九个要素的商业模式参考模型为例，九个要素的具体内容如下：

（1）价值主张：公司通过其产品和服务能够向消费者提供的价值。价值主张确认了公司对消费者的实用意义。

（2）消费者目标群体：公司瞄准的消费者群体。这些群体具有某些共性，从而使公司能够创造价值。定义消费者目标群体的过程也称为市场划分。

（3）分销渠道：公司用来接触消费者的各种途径，这里阐述了公司如何开拓市场，它涉及公司的市场和分销策略。

（4）客户关系：公司同其消费者群体之间建立的联系。

（5）价值配置：资源和活动的配置。

（6）核心能力：公司执行其商业模式所需的能力和资格。

（7）合作伙伴网络：公司与其他公司之间为有效地提供价值并实现其商业化而形成的合作关系网络。这也描述了公司的商业联盟范围。

（8）成本结构：使用的工具和方法的货币描述。

（9）收入模型：公司通过各种收入流来创造财富的途径。

商业模式的设计是商业策略的一个组成部分。而将商业模式实施到公司的组织结构（包括机构设置、工作流和人力资源等）及系统（包括IT架构和生产线等）中则是商业运作的一部分。这里必须要清楚区分两个容易混淆的名词：业务建模通常是指在操作层面上的业务流程设计；而商业模式和商业模式设计是指在公司战略层面上对商业逻辑的定义。

现在提到的商业模式很多都是以互联网为媒介，整合传统的商业类型，连接各种商业渠道，具有高创新、高价值、高盈利、高风险的全新商业运作和组织架构模式。简单来说，就是公司是怎么赚钱的。

Web 3.0的核心特征和区块链基础设施的特点，会影响以上列出的商业模式的多个方面。我们从降本增效和信息公开两个方面分析Web 3.0时代对商业模式的影响。鉴于Web 3.0还处于早期，随着发展和成熟，更多影响商业模式的案例会出现。

2．Web 3.0时代降本增效对商业模式的影响

就像武术界的"天下武功唯快不破"，商业模式中的"高效率低成本"也是大多数竞争中的最大优势。

Web 3.0的价值传递能力和代码控制的自动化执行能力，会降低当前多种场景中的成本，我们以交易为例，来分析Web 3.0应用的降本增效（降低交易成本和提升效率）。

交易成本是指达成一笔交易要花费的成本，也指买卖过程中所花费的全部时间和货币成本。包括传播信息、广告、与市场有关的运输，以及谈判、协商、签约、合约执行的监督等活动所花费的成本。这个概念最先由新制度经济学在传统生产成本之外引入经济分析中。根据Williamson对于交易成本的划分，一个交易成本由以下几个环节的成本组成：

（1）搜寻成本：商品信息与交易对象信息的搜集。

（2）信息成本：取得交易对象信息和与交易对象进行信息交换所需的成本。

（3）议价成本：针对契约、价格、品质讨价还价的成本。

（4）决策成本：进行相关决策与签订契约所需的内部成本。

（5）监督交易进行的成本：监督交易对象是否依照契约内容进行交易的成本，如追踪产品、监督、验货等。

（6）违约成本：违约时所需付出的事后成本。

Web 3.0应用中智能合约的自动执行能力、数字化交易所的匹配能力（中心化和去中心化的交易所都能提供更好的匹配能力），能够显著降低交易中多个环节中的成本。例如，数字化交易所的交易平台能够降低搜寻成本、信息成本；交易所的信

誉系统能够降低议价成本和决策成本；交易所的保障机制和区块链系统提供的去信任能力，能够降低交易双方的违约成本。

区块链系统提供的与外界交互能力，能够很好地监督交易过程，如跟踪产品的运输、验收货、产品使用、售后保证等环节，这些能够降低监督交易进行的成本。

区块链技术的发展，可以让一些经济学现象更加明显，我们来了解一下经济学中的"科斯定理"。罗纳德·科斯于1960年发表在《法学和经济学杂志》上的"社会成本问题"一文中提出了"科斯定理"。科斯提出的方案是：在交易费用为零（或者很小）时，只要产权初始界定清晰，并允许经济当事人进行谈判交易，那么无论初始产权赋予谁，市场均衡都是有效率的。

区块链技术在产权数字化方面会逐渐提供更好的技术支撑，因此会促进更多的交易在网络中进行。同时，区块链技术的发展会促成更多交易费用为零（或者很小）的场景出现。例如，跨链 DeFi 已经促成了不同系统间的交易。区块链技术将会在两个方面提供降低交易成本的能力：一方面是价值传输能力会让交易环节减少；另一方面是智能合约的成熟和经济能力，会促进很多交易的自动执行。

我们从产权数字化、交易流程减少和交易自动化这三个方面来分析区块链技术对"科斯定理"产生的影响：

（1）区块链技术推动产权数字化的发展。

（2）价值流的传输能力将会减少很多交易环节。

（3）区块链的智能合约＋经济能力会提供更多的自动化操作。

区块链技术提供的资产数字化确权能力，能够在传统资产与数字资产之间建立联系，为传统资产在数字化交易所中进行交易提供必要的准备，资产的数字化也有助于产权初始界定清晰。

区块链技术能够从以下两个方面降低交易成本：

（1）价值传输能力能够明显减少交易环节，从而降低交易成本。

（2）使用区块链技术将交易自动化处理，从而降低交易成本。

综上所述，区块链技术会推动"科斯定理"中所述条件的产生，会促进更多交易的进行，从而更容易达到市场均衡。

3. Web 3.0 时代信息公开对商业模式的影响

在 Web 3.0 时代的应用基于区块链技术，交易数据的公开可查询，与智能合约这种新型的商业合约模式相结合，使交易规则公开可查询，数据与规则的这种特点形成了 Web 3.0 时代商业模式的显著特点。这种信息公开特点能够有效降低对信息不对称的影响。

经济学中的信息不对称是指交易中的每个人拥有的信息不同，在社会、政治、经济活动中，一些成员拥有其他成员无法获得的信息，由此造成信息的不对称，利用信息不对称，商家能获得更多的利益。不对称信息可能导致逆向选择，或者形成经济租金，引发寻租行为，导致信息较缺乏的那一方受损。该现象由肯尼斯·约瑟夫·阿罗于 1963 年首次提出。阿克洛夫在 20 世纪 70 年代发表著作《柠檬市场》做了进一步阐述。三位美国经济学家（阿克洛夫、斯彭斯、斯蒂格利茨）由于对信息不对称市场及信息经济学的研究成果获 2001 年诺贝尔经济学奖。在传统方式中，解决信息不对称的方法包括信息揭露、认证制度、信誉与评价制度、提供商品的保固维修、售后服务、制订规范等，但这些措施经常并不是那么有效。

在前面章节介绍的 DeFi 内容中，这种公开性使去中心化的金融相对于传统中心化金融 CeFi 更加有效，不仅可以降低交易成本，而且利差会导致 DeFi 交易的产生，能够有效消除不同市场间的利差，从而消除各个交易市场间的信息不对称。

DAO 的公开透明特性，使有规则、技术和机制都可供公众监督。因为任何人都可以查看 DAO 中的所有行为和资金。这大大降低了腐败和审查的风险。比传统社会中的信息揭露和审查制度更加有效。

9.4　Web 3.0 重构生产关系

在理解 Web 3.0 重构生产关系之前，首先需要了解生产关系的定义，以及生产关系体现在哪些方面。

在马克思主义哲学中，生产关系是表示社会内部人与人的关系的哲学范畴。马克思主义哲学认为，生产关系是在社会生产过程中形成的人与人的关系。生产关系是一个复杂的经济结构，包括生产资料所有制的形式、人们在生产中的地位和相互关系、产品分配的形式以及由此所直接决定的消费关系三个方面。其中，生产资料所有制的形式是生产关系中最基本的方面，是全部生产关系的基础，决定着生产关系的其他内容。

1. Web 3.0 时代的生产资料所有制的形式

数据是 Web 3.0 时代最重要的生产资料。在 Web 1.0 和 Web 2.0时代，用户的数据有价值，但用户产生的数据并不由用户所有，或者不完全由用户所有，因此在数据之上产生的收益也不由用户掌控和分配。Web 3.0 时代以用户为中心，使用去中心化的账号系统。这样对于数据这种重要资产，其所有权和控制权就真正意义上属于用户所有。鉴于 Web 3.0 的发展阶段，这两个权利是通过不同的建设阶段来完成的。第一阶段是标识数据的所有权；第二阶段是实现数据的真正控制权。在两种权利都得到保障的情况下，Web 3.0 时代的用户就可以真正地拥有这种重要的生产资料，也就是实现了生产关系中最重要的生产资料所有制的形式的变化。

2. Web 3.0 时代对生产关系其他方面的影响

生产关系中的其他两个方面：人们在生产过程中的地位和相互关系、产品分配的形式，在 Web 3.0 时代也产生了较大的变化。

（1）Web 3.0 经济系统对生产关系的重构分析。在传统的 Web 2.0 应用中，因为是平台经济，用户创作的内容、产生的收益都是在那些大平台上进行的经济利益变现，利益的分配也由平台方掌控。在 Web 3.0 的应用中，因为内置经济模型，利益的分配已经转变为由经济模型控制的利益分配方式，一般不再由中心化的机构控制或中心化的控制结构不再起到决定作用。这种变化使用户在利益分配方面有了崭新的模式。在前面章节介绍的 GameFi 和 SocialFi 中，它们的优势就是建立用户对于数据的控制权获得，从而使人们在生产中的地位发生变化，进一步导致利益分配方式的变化和消费关系的变化。这些变化使 Web 3.0 应用与 Web 2.0 应用产生了很大的不同。在 GameFi 中还可以看到这种变化使以前的纯娱乐，变成了"娱乐 + 工作"（因为产生收入）。在 Web 3.0 的经济系统中，人们在生产过程中的地位和相互关系、产品分配的形式、消费关系都与以往的方式不同。

（2）Web 3.0 时代组织机构对生产关系重构的分析。技术的发展与制度变化是相辅相成的，在前面介绍 DAO 的章节中，我们可以看到 DAO 与传统公司的区别，DAO 已经将公司的股东和用户统一到一个组织中，并且 DAO 提供了一种对集体资产管理的方式，这种方式比普通的 Web 3.0 的个人方式有更大的所有制形式变化，与之相应，对生产方式、分配方式、消费关系也产生比个体更大的变化。在 Web 3.0 时代，技术的发展导致生产方式的变化，相应的组织机构也会转变，这就促使生产关系产生重构。

DAO 的七种能力使 DAO 的用户、贡献者和更广泛的利益相关者之间的关系发生变化，通过向 DAO 的生态系统提供经济激励，并让这些利益相关者在 DAO 中具有对个人资产属性范围更大的集体资产的所有权管理，以及对生产方式和分配方式、消费关系进一步产生影响。

第
10
章

Web 3.0 的法律与监管

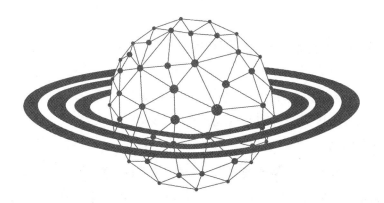

Web 3.0 时代刚刚开始，很多应用都是在萌芽期和初创期，这些应用产生的综合效果还没有完全显现，我们目前的讨论仅包含对一些可能性的远景分析。在前面的章节中，不仅在 Web 3.0 的经济系统中，我们看到了这些应用对生产关系的重构变化，在 Web 3.0 时代的组织机制 DAO 中，还有更多、更具体的对生产关系的改变。随着 Web 3.0 发展的成熟，这些在生产关系重构方面的案例和结果显现得会更清晰、更具体。

10.1　Web 3.0 的法律问题

中国证监会科技局局长姚前在《Web 3.0：下一代互联网的变革与挑战》前言中说：Web 3.0 将带来如下 5 大变革，是下一代互联网。

Web 3.0 是一场数据变革，数据"所有权"和身份"自主权"将从大型平台回归到用户手中，互联网将更加平等、更加开放、更加符合群体利益。

Web 3.0 是一场信任变革，信息互联网将演化为可信的价值互联网，并衍生出不同于传统模式的分布式经济、分布式金融。

它是一场组织变革，企业的痕迹或将被"抹除"，没有董事会，没有管理层，没有公司章程……仅依靠算法就可以开展各类业务活动，"无组织形态的组织力量"将成为经济系统的内在驱动。

Web 3.0 是一场体验变革，互联网将变得更加智能化、人性化、个性化。通过 AR（增强现实）/VR（虚拟现实）/XR（扩展现实）、可穿戴设备、人机接口等形式，人们可在立体全息的空间中，真实体验到前所未有的交互感、沉浸感和参与感。

Web 3.0 是一场社会变革，覆盖社交、娱乐、生产、消费、商务……各类模式或将被重构并赋予新的内涵。它还可能是一场生产关系变革，用以太坊创始人维塔利克·布特林（Vitalik Buterin）的话说，每个人将在 Web 3.0 中拥有自己的"灵魂"（Soul），在社区中自下而上地聚集在一起，创造出一种新型的"去中心化社会"（DeSoc）。

归根结底，Web 3.0 是一场基础性的技术变革，涵盖产业互联网、芯片、人工智能、云计算、区块链、大数据、密码技术、虚拟现实、生物工程等各类前沿技术，被称为"寒武纪创新爆炸"。

综上所述，Web 3.0 带来的 5 大变革也必将对经济逻辑、组织治理、金融变革、技术路线、商业创新产生深远的影响，也必将为法律合规、监管与政策应对带来巨大的挑战。在 Web 3.0 互联网下，已经涵盖了 DAO（去中心化自治组织）、DeFi（去中心化金融）、NFT、GameFi（加密区块链游戏）、SocialFi（社交金融）、X to Earn（代币化项目之一）、元宇宙、创作者经济等诸多崭新的主题。

法律与监管虽然滞后于创新，但创新不能脱离法律规则与监管，历史证明，任何理想化的乌托邦式的创新与变革实验都曾为人类社会带来过巨大的灾难，也成为历史教训。自然科学也告诉我们，宇宙之中存在一种运行规律及规则，没有任何物体可以不受规则约束和规制。

因此，面对构建在区块链技术上的被称为下一代互联网的Web 3.0，我们既要打破原有的僵化思维，积极拥抱互联网新时代，同时也要充分认识到其对现行法律规则和监管带来的巨大挑战，并相应地制定新的法律规则与监管，既不要一刀切式地遏制，也不能放任其野蛮生长。

10.1.1　Web 3.0带来的法律挑战和涉及的法律问题

1. Web 3.0带来的法律挑战

与互联网对当时的法律规则和监管造成的巨大冲击相类似，Web 3.0也对当下的法律规则和监管带来全方位的挑战与冲击。具体表现为以下几个方面：

（1）凡区块链涉及的法律问题，Web 3.0均可能触及。例如，区块链涉及的去中心化涉及的法律适用及司法管辖问题、匿名化与网络实名制问题、可靠性与删除权问题、透明化与个人数据保护问题、智能合约问题、区块链代币经济系统的法律问题、公有链的监管问题，Web 3.0均可能触及。区块链可能涉及的法律问题具体如下：

①去中心化涉及的法律适用及司法管辖问题。因为去中心化的分布式结构，使区块链节点可能分布在全球各地，跨越不同法律区域。这就给区块链有关的法律适用及司法管辖带来难题。

②匿名化与网络实名制问题。区块链技术本身的匿名化与网络监管的实名制存在冲突，这就需要在二者之间寻求平衡。

③可靠性与删除权问题。区块链技术的设计导致其删除数据需要共识达成，这就给个人信息删除权及政府监管删除带来障碍，二者如何协调成了重要的法律问题。

④透明化与个人数据保护问题。区块链技术采取的全网信息透明，但隐名交易主体。这带来两个问题，其一就是商业应用中商业秘密的泄露问题；其二就是由于隐名，交易主体身份如何确定，与现实法律存在冲突。

⑤智能合约问题。区块链智能合约的法律效力，与现实合同法的关系。对于智能合约的法律约束，智能合约本身的定义就是有争议的。区块链下在各个节点的行为的记录本身是不构成法律合同的，或者是自动执行的代码。多个这样的行为可能组成具有约束的法律合同。有的智能合约就是传统意义的合同，就会有管辖权的问题。同时，基于区块链、时间戳和加密技术，智能合约将会直接改变合同纠纷的审判思路。争议的焦点不再会有合同的真伪和时间点的对比，但是边缘设备的管理会是新的焦点。

⑥区块链代币经济系统的法律问题。区块链代币是其经济系统的重要环节，缺乏了代币，区块链生态难以形成闭环，缺乏了激励机制。如果允许代币，又涉及融资或发行证券问题，如何解决是一个问题。

⑦公有链的监管问题。公有链是与联盟链、私有链相对的概念，从另一个角度来说是非许可链。公有链监管涉及四个主

要问题：其一，区块链监管，到底在监管谁，即监管对象是谁？其二，监管靴子要落地，哪些环节应该被严厉监管？其三，区块链监管能否兼容传统的法律政策框架？其四，公有链、数字货币监管的破局之道在哪里？

（2）各种 Token（FT）及 NFT 涉及的法律问题，Web 3.0 均可能触及。凡是 DAO 与智能合约涉及的法律问题，Web 3.0 均可能触及。我们将在后文专门分析，在此不再赘述。

（3）数据安全及平台责任等法律问题。

① Web 3.0 的经济系统及其应用场景决定了其涉及数字创造、数字资产、数字市场和数字货币等，以满足激励机制、利益分配及金融服务需求，一旦账号被盗，个人资产也会受到侵害。由此可见，数据安全就是保障 Web 3.0 稳定发展的前提和关键。

②避免数字账户或数字身份被盗用，不仅需要个人做好安全防护，平台和企业更是不可免责。2021 年，《数据安全法》《个人信息保护法》应时而出，数据安全从"互联网大蛮荒时代""网安法时代"走向"大合规时代"。数据安全治理需要体系化建设，就是要形成以数据安全生命周期为核心，实现数据安全的全方位治理，涉及数据采集、数据传输、数据存储、数据处理、数据交换和数据销毁 6 个阶段。如果平台服务商因过错或疏漏导致用户资产丢失，就需要承担相应的赔偿责任。

2. Web 3.0 涉及的法律问题

（1）技术的中立和法律法规的冲突。技术本身属性无所谓好坏，如去中心化技术。但掌握及使用技术的人，其目的与动机有好坏善恶之分。因此，处理该冲突的规则是，规范技术使用者的行为，而非对技术本身进行管控。

（2）去中心化自治机构的框架和追责规则。在去中心化自治下，虽然组织是完全自治和独立的，但是对平台预先编程的人的追责，以及网络的操作者和参与者的追责都是需要定义的。追责的机制后面需要文件记录作为支撑。对区块链的网络和交易的追责必然需要详细的评估和每个层面不同的参与者的详细记录来实现。

（3）财产权的重新定义。在虚拟世界的财产权的定义也面临挑战，在内容由用户完全创造的元宇宙中，如何定义财产权？如何限制他人使用自己的财产权？如何使用争议解决的规则？

（4）知识产权问题。构建在 Web 3.0 下的虚拟世界，3D 应用会涌现。用户将会在元宇宙中建立自己的空间并和外部空间世界交互。虚拟游戏和赌博也会成为 Web 3.0 的必要组成部分。在元宇宙中，广告商会租用或者建立自己的领域使用 NFT，基于虚拟的物品开始广告，用户基于自己的化身来参与。NFT 下的知识产权在数字艺术界将会面临很多挑战，如分层艺术、程序型艺术、生成型艺术、合作型艺术等，都不是传统的艺术类作品归类。

所以 IP 的许可和财产权将会是重中之重。在公共区块链上基于开源软件的创作就很难判断谁是最初的所有人，从而确定 IP 的授权和相关交易。元宇宙的用户可以完全创建自己的内容（UGC），这必然带来与用户名相关的人身权和著作权的变化。

（5）解决争议的机构。这个问题和管辖权是有重叠部分，在各国都有管辖权的情况下，当事人在多大的自由范围内可以选择解决争议的机构。

10.1.2　DAO 带来的法律挑战和涉及的法律问题

1. DAO 的自身特征即孕育着巨大的法律挑战

DAO 具备以下特征。

（1）分布式与去中心化。DAO 中不存在中心节点以及层级化的管理架构，它通过自下而上的网络节点之间的交互、竞争与协作来实现组织目标。因此，DAO 中节点与节点之间、节点与组织之间的业务往来不再由行政隶属关系所决定，而是遵循平等、自愿、互惠、互利的原则，由彼此的资源禀赋、互补优势和利益共赢所驱动。每个组织节点都将根据自己的资源优势和才能资质，在通证的激励机制的作用下有效协作，从而产生强大的协同效应。

（2）自主性与自动化。在一个理想状态的 DAO 中，管理是代码化、程序化且自动化的。"代码即法律"（Code is Law），组织不再是金字塔式而是分布式，权力不再是中心化而是去中心化，管理不再是科层制而是社区自治，组织运行不再需要公司而是由高度自治的社区所替代。此外，由于 DAO 运行在由利益相关者共同确定的运行标准和协作模式下，组织内部的共识和信任更易达成，可以最大限度地降低组织的信任成本、沟通成本和交易成本。

（3）组织化与有序性。依赖于智能合约，DAO 中的运转规则、参与者的职责权利以及奖惩机制等均公开透明。此外，通过一系列高效的自治原则，相关参与者的权益得到精准分化与降维，即给那些付出劳动、作出贡献、承担责任的个体匹配相应的权利和收益，以促进产业分工以及权利、责任、利益均等，使组织运转更加协调、有序。

（4）智能化与通证化。DAO底层以封装了支持DAO及其衍生应用的所有基础设施——互联网基础协议、区块链技术、人工智能、大数据、物联网等为技术支撑，以数字化、智能化、链上链下协同治理为治理手段，改变了传统的科层制以及人为式管理方式，实现了组织的智能化管理。通证（Token）作为DAO治理过程中的重要激励手段，将组织中的各个元素（如人、组织、知识、事件、产品等）数字化、通证化，从而使货币资本、人力资本以及其他要素资本充分融合，更好地激发组织的效能和实现价值流转。

一个DAO的设立，必须具备三个基本要素：其一，具有能与陌生人达成共识的组织目标和组织文化（组织的使命、愿景、价值观）；其二，具有能与陌生人达成共识的包含创立、治理、激励等内容的规则体系，并且此规则通过区块链技术置于链上；其三，具有能与所有参与者形成利益关联的通证来实现全员激励。

基于DAO的上述特征，就意味着它对传统互联网时代组织模式会带来巨大的变革和挑战，从而带来一系列法律挑战。

2. DAO带来的法律挑战

DAO很有可能会根据其本身分为许多不同的类别。一些DAO可能看起来更像原始公司，甚至新公司。一些DAO可能看起来更像合作社。其他可能看起来像非营利组织。智能合约已经实现让很多人工任务变成自动化执行。例如，智能合约可以决定A是否可以向B发送资金，这个决定基于它是否满足一组标准。问题在于，无法仅通过单击按钮来完成很多活动。其中一个案例是关于分配工作资金。例如，DAO 可以使用智能合约来发送资金，开发团队用该资金构建 App。但是，DAO 无法确保开发团队完成开发或者甚至无法确定资金是否被正确使用。最小化此类问题的机制可能包括要求通过里程碑来对大型项目是否完成进行投票。整个过程缺乏监管。

笔者认为，DAO 可能带来以下几个法律挑战：

（1）证券法下发行证券的法律风险。如果 DAO 发行代币，被认定为证券，则涉及公开发行证券问题。需要考虑合规法律风险。

（2）银行法下的资金监管问题。考虑资金的来源与流向，资金是否涉及洗钱、恐怖等问题。

（3）DAO 对公司法的冲击。如何为 DAO 这种新的组织形式来立法等。

（4）DAO 涉及的监管及税务问题。如何对其实行监管，涉及的税务问题如何处理等。

（5）DAO 发起者非法集资等刑事犯罪风险防范。DAO 的运营过程会涉及募资等活动。以集资诈骗罪为例，根据《中华人民共和国刑法》的规定，如果 DAO 的运营者以非法占有为目的，使用诈骗方法集资的，则涉嫌犯罪。因此，募资行为不得以非法占有为目的，即集资应当用于合法用途，而且，募资不得以诈骗的方法，而应当以真实的事实背景为依据。因此，DAO 的运营应当充分防范集资风险。

3. DAO 的相关法律问题

以下是 DAO 的相关法律问题。

（1）DAO 参与主体的资格与权益确定的法律风险。按照 DAO 的去中心化自治理念，任何一个参与者都是 DAO 的"股东"。但 DAO 的运营主体可能是一个有限公司（或者股份公司、合伙企业）。DAO 的参与者众多，而且处于动态变化之中，DAO 的参与者作为"股东"，其权益基本不可能通过工商登记予以确认，其权益实现可能需要依靠股权代持等方式实现，因而，对于被代持的参与者，其权益存在无法进行法律确认的风险，也会为上市带来障碍。

此外，根据现行法律的规定，DAO 的一切后果由运营该 DAO 的主体承担（现实中是一个依法设立的法律实体）。因此，DAO 的发起者，依然需要就 DAO 的所有行为承担法律责任并对 DAO 履行管理职责。

（2）DAO 参与主体的收益分配的法律问题。DAO 的参与主体权益并未得到现实法律的确认，其收益分配只能基于 DAO 内自治规则或协议予以确认，而且权益的实现一般需要运营者进行记账、分配。如果运营者存在道德瑕疵，收益不按照规则计算或不进行兑现，这将引发群体性维权风险，并将给 DAO 带来灾难性后果。因此，即便去中心化，DAO 的收益分配依然存在较高的道德与法律风险。

（3）DAO 的自治规则涉及的法律问题。DAO 的自治规则是由最初的发起者进行制定或者由后期投票权多者所主导修改（治理提案等），这个规则是否合理，是否具有可操作性，自治规则的制定需要有一定的前瞻性，这是对发起者管理能力的考验。DAO 的自治规则无论制定还是修改，均需要遵守管辖地的主权国家法律法规。

DAO 在运行过程中，一般会涉及两种代币：一种是权益代币；另一种是治理代币（投票权）。权益代币会涉及相关交易，其中交易内容涉及平台内的支付，该权益代币可能与货币政策相违背，给平台造成金融及法律风险。

（4）DAO 的网络安全与信息保护。随着《中华人民共和国网络安全法》《中华人民共和国数据安全法》《中华人民共和国个人信息保护法》的出台，DAO 的网络安全与信息保护工作需要严格按照法律的规定进行落实，毕竟 DAO 的运营会涉及网络安全及大量的个人信息。如果个人信息涉及跨境流动的，还需要履行安全审查流程。

10.1.3 NFT 涉及的法律问题与可能面临的法律争议及风险

1. NFT 涉及的法律问题

NFT 涉及的法律问题较为庞杂。例如，NFT 的属性是代币还是证券？ NFT 权属、NFT 发行涉及的问题；NFT 权属性质、NFT 交易问题、NFT 原始内容的合规性问题等。因此，在元宇宙生态视角下探讨 NFT 的有关问题，就必须首先探究 NFT 自身涉及的法律问题、监管问题及合规应对等问题。即应在现实世界视角下，去认识 NFT 可能存在的几个法律问题。

1）关于 NFT 权属的法律界定

首先，需要界定 NFT 的权利来源。NFT 的权利有两种来源，以艺术品 NFT 为例，一种是直接在线创造并形成 NFT 艺术品，即存在于互联网上的数字资产——可编程的艺术作品。直接在线完成艺术作品的创作、在线写作、在线编程等。另一种是将线下实物艺术品铸造成为 NFT 艺术品，即以代码的形式作为现实世界真实标的物的代表数字资产，表示了标的资产的所有权。这种类型，存在一个原始作品的铸造或上链数字化、代码化过程。基于未来真正的元宇宙生态，第一种直接基于在线完成的可编程的艺术作品代表着主要潮流与方向，元宇宙生态一旦形成，就会形成大规模的原住民迁移，原本在线下真实世界创作的群体就会迁移到元宇宙之中，直接在元宇宙生态中创作、社交，减少线下世界的创作。如此一来，也就没有必要先在线下世界完成创作，然后再上链，如数字作品、游戏类等。

基于以上两类不同的 NFT 权利来源，我们需要区分为不同情形来分析 NFT 的法律属性，当然，直接在线创作形成的 NFT，少了一个原始作品主体的链接，其包含于第二种之中，虽然对于前一种也有很多法律问题，但目前争议相对较少；对于后一种，确实因为涉及比较多的环节和主体，存在很多不同的看法。因此，本章就直接分析第二种 NFT 权利来源可能涉及的法律问题。

其次，需要界定 NFT 的权利来源涉及的法律关系。一个完整的链上链下 NFT 过程包括原始作品权属、发行、铸造、交易等主要环节。我们从这个过程及参与的主体来分析 NFT 的权利来源可能涉及的法律问题，进一步看清庐山真面目。以画作为例，从现实世界画家创作的画作，到该画作上链铸造、发行、交易、流通、权利行使等系列过程来拆解、剖析、解构 NFT 涉及的法律属性问题，逐一剖析如下。

（1）法律问题一：关于原始作品的法律权属问题。

我们从 NFT 形成的逻辑上看，NFT 形成的过程，第一步是选取真实的画作；第二步是对该画作进行复制；第三步是将复制品存储在私有云；第四步是将数字复制品利用密码学与算法创建出哈希值或某种密码；第五步是将该哈希值或某种密码字串 / 字符上链，即存放在区块链上，进行记账，使该哈希值或密码利用区块链技术拥有了唯一性和稀缺性。通过以上五步，NFT 就完成了。接着就是交易、流转、权利行使等，但后面这些其实是 NFT 的流转环节，如果只铸造 NFT 用于自己保存，不去从事任何交易活动，就不存在之后的环节与步骤。数字复制品并非数字作品本身，数字复制品仅是实物作品的部分权利在数字世界里的映射。将现实世界画家的画作，通过铸造上链，就形成独一无二的一个数字证明牌，即 NFT。

通过上述流程可见，首先需要选取现实世界已经存在的一幅真实画作作为基础，这就涉及一个法律问题，这个基础画作的法律权利是什么？因为这个画作是现实世界里的画家形成的作品——画作，因此，必然需要适用现实世界里的《中华人民共和国著作权法》来加以分析与界定。《中华人民共和国著作权法》对作品形式进行了开放式的规定，其中第三条规定，作品是指文学、艺术和科学领域内具有独创性并能以一定形式表现的智力成果，只要符合"独创性、是智力成果、能以某种形式呈现"这三个特征，就是著作权保护的客体，这里的某种形式当然包括数字形式。因此，直接在线创作的数字作品，如网上创作、数码相机摄影摄像形成的数字化作品，即符合作品的特征，属于数字作品，当然享有著作权。数字作品形式目前也得到司法实践的认可。

该类本身即有著作权的数字作品，无须再进行数字化复制，而仅仅需要用密码学和算法生成哈希值或密码，存放在区块链上，利用区块链的可信（不可篡改，可追溯等唯一性）特征，形成唯一的，不可拆分、不可再复制的，具有稀缺性的非同质化 Token，从而成为数字作品的权利或权益代表凭证。

而对于非数字化的作品而言，则需要多一个步骤，就是数字化，这就涉及《中华人民共和国著作权法》第十条第五项规定的复制权。这个过程不同于数字化作品本身的 NFT 铸造，其本身并非数字化作品，而是将线下真实画作利用数字化技术进行复制，其行使的仅仅是著作权 17 项权利中的第五项权利——数字化方式复制，这与数字化作品铸造显然是不同的。

根据上述规定，画家可以享有完整的 17 项权利中的第五项至第十七项规定的权利，并依照约定或者本法有关规定获得报酬。也可以全部或者部分转让该项权利，并依照约定或者本法有关规定获得报酬。此外，《中华人民共和国著作权法》还规定了邻接权。著作邻接权是著作权的一种类型，是指著作邻接权人的权利。著作邻接权人是指作品传播者，如图书、报刊、录音、录像制品出版者、艺术表演者等。

由上述分析可见，NFT 过程第一步所涉及的画作，其著作权归属于画家本人。画家可以将著作权中的第五项权利，即复制权许可他人使用，收取一定的报酬。但《中华人民共和国著作权法》第二十四条、第二十五条对著作权人的权利进行了限制。若符合第二十四条规定的情形，可以不经画家许可不支付费用进行使用，若符合第二十五条规定的情形，可以不经画家许可但需要支付费用后使用。除此之外，未经著作权人许可并向其支付费用，不得行使画家作品的复制权，否则构成侵权。

（2）法律问题二：关于铸造形成 NFT 过程的法律性质问题。

将画家的画作复制、存储、哈希、上链等系列铸造或上链过程，其实就是行使画作著作权人上述 17 项著作权中的第五、第十二项两项权利，即复制权 + 网络传播权。也就是说，NFT 不等于数字作品，甚至不等于数字作品的存证，而只是数字复制品在链上的一种密码学或数字表达。说到底，NFT 只是某作品在数字世界的一种映射的标记，其自身并无更多的艺术价值，其价值大小取决于交易双方的约定和交易规则的界定，赋予或代表的权利或权益越大，其价值就越大，反之亦然。

可见，铸造 NFT 的过程是一个技术的过程，包括三项关键的技术：其一，数字化技术，通过数字化手段将现实世界的实物——艺术品，复制并保存在线上，完成在线化；其二，利用密码学技术和算法将在线化的作品生成哈希值或密码形式，即哈希值化；其三，将哈希值或其他密码形式上传存放于区块链之上，即上链的过程。

因此，NFT 本身就是利用上述三个技术将原始的物的权利或权益（著作权、所有权或其他权利）数字化、哈希字符化、上链化的技术过程，与该过程涉及的相关主体的法律权属并不一致。

根据《中华人民共和国著作权法》的规定，著作权人有三种不同方式的许可，只有取得著作权人的独占许可，铸造人实际上才取得了该画作的独家铸造 NFT 权利，排他许可下，著作权人可以自行铸造，而普通许可下，著作权人可以许可多个铸造人进行铸造。直接将自己画作铸造成 NFT 产品，以及直接在线创作数字产品并铸造成 NFT 产品，属于原始权利人与铸造人合二为一，就不存在这个问题。这里说的是分离的情形。此外，必须说明的是，画作的著作权人将画作的两项著作权中的财产权（复制权 + 网络传播权）许可给铸造人使用，无论是上述三种许可方式中的哪一种方式，铸造人获得的是使用权，并非著作权，也就是该著作权本身并未转移。

（3）法律问题三：铸造者将原始画作铸造上链后形成的 NFT 拥有何种权利？是一种什么权利？

首先，铸造 NFT 产品的过程，是一种将特定产品信息数据进行数字化并与特定 TokenID 锚定的过程。因此可以说，将特定数据信息以数字化呈现，是 NFT 产品铸造的本质。那么将特定数据信息数字化，是一种什么行为？鉴于 NFT 未来发展及应用场景的多样性，若需要准确定性分析，就必须结合实际应用场景来定性。在这里仅就上述例子中的画作为例进行阐明。在很多情况下，如上述例子中的画作，将画作按照 NFT 铸造五步法进行数字化的行为是一种复制权行使。属于《中华人民共和国著作权法》第十条第五项规定的数字化方式制作一份或多份的权利。但在铸造的过程中，仅仅复制原画作就可以了吗？显然不是的，还需要很多步骤，可能还会有对数据的加工甚至再创作。例如，如果在铸造 NFT 时对静止的画面进行了全方位的摄制，可能还加进了其他创造性要素，就行使了摄制权。如果作品是线下实物，在 NFT 产品铸造过程中将其改编为小视频，就行使了改编权。如果将其翻译成外文，还可能包括翻译权。如果将多个数字作品统一铸造成 NFT 产品，就可能涉及汇编权。

而网络传播权是 NFT 必须涉及的著作权中的一项权利，几乎所有的 NFT 产品铸造行为，都要行使网络传播权。因为铸造以后，凭 NFT 都可以看到，这就进行了网络传播。上述涉及的权益，除数据权益之外的其他权利，都属于著作权的财产权部分，需要著作权人许可才能行使。而数据权益，即对作品相关数据进行收集、使用的权利，也依法需要相关用户的授权。

由此可见，经原著作权人许可、相关用户的授权，将特定数据信息数字化是 NFT 的合规基础与前提。而许可的范围、授权的范围及用途，直接影响了铸造后 NFT 的权利边界。因此，不能对 NFT 的权属法律性质一概而论。

其次，NFT 的法律属性，即 NFT 交易的本质是什么？也就是说，在 NFT 的交易中，交易的标的物究竟是什么？换言之，购买者购买了 NFT，购买的究竟是什么权利？如果放在传统著作权法语境之下，购买者买了一幅画作，那么购买者获得的是该画作本身的所有权，其拥有该画作的绝对处分权。可以卖，可以销毁，可以赠予，可以展览欣赏，可以设置担保，可以典当等等，也同时享有随附的展览权，也就是可以将该画作举办展览会，委托机构展览、拍卖等，也可以自己欣赏，邀请他人欣赏等。

那么，在 NFT 的交易中，卖的是什么？买的又是什么？查阅佳士得 NFT 艺术品拍卖规则、蚂蚁链 NFT 作品拍卖规则以及腾讯幻核 NFT 交易规则，可以看到大致相同的表述，都有数字作品的唯一性、稀缺性的技术描述，但基本都声明了版权归发行方或原创作者所有。由此可见，购买者最后获得的 NFT 的实际权益是通过平台规则、服务协议来确定的。

对于 NFT 交易标的的法律属性，我们倾向于认为，可将 NFT 视为所交易的权利或权益的数字凭证，究竟是何种权利或权益，应当由交易规则及服务协议（或双方的交易约定）来最终确定。因为，如前所述，将画作铸造成 NFT，权利基础来自画家的著作权许可或转让，而许可的方式或许可的范围亦由铸造者与画家双方约定，既然原始权利基础来自约定，那么 NFT 铸造方（此处铸造方特指与发行方合二为一的情形）、交易平台或发行方出售 NFT 的权利也受制于权利基础的约定。

最后，基于版权人原始画作铸造 NFT 是否能获得著作权邻接权？《中华人民共和国著作权法》规定了邻接权。《中华人民共和国著作权法》第三十一条规定：图书出版者对著作权人交付出版的作品，按照合同约定享有的专有出版权受法律保护，他人不得出版该作品。第四十二条规定：录音录像制作者对其制作的录音录像制品，享有许可他人复制、发行、出租、通过信息网络向公众传播并获得报酬的权利；权利的保护期为五十年，截止于该制品首次制作完成后第五十年的 12 月 31 日。被许可人复制、发行、通过信息网络向公众传播录音录像制品，还应当取得著作权人、表演者许可，并支付报酬。根据之前的

NFT 锻造过程，结合上述邻接权的法律规定，可以初步认为，将原始画作铸造成 NFT 并发行，更多的是画作某种权利或权益的数字凭证，并不符合上述邻接权的规定。

通过上述分析，我们可以看出，NFT 从技术角度可以将其 Token 凭证（代表物的权利或权益的凭证）运用密码学技术、区块链技术，具有了唯一性、可证明的稀缺性、不可分割、不可篡改、可交易可流通性、可编程、可标准化等特性，但并不意味着或证明该 NFT 所代表的对应的权利或权益具有唯一性、稀缺性，其权利取决于交易双方的约定，也就是说，取决于卖方的授予。如同一张演出票证一样，其究竟拥有什么权利。例如，某年某月某日某时在某剧院某座位观看某场演出，取决于发行演出票一方的规定，你的购买行为意味着你同意该安排。NFT 与该普通演出票唯一的区别在于：NFT 不可复制、不可篡改、唯一性、稀缺性、不可拆分。但这仅仅是技术手段和工具的区别，其代表的权利并无本质区别。

实践中，经常对 NFT 产生诸多误解，错把 NFT 技术描述（独一无二的非同质化代币）等同于其所代表的权利或权益的唯一性，其实并非如此。何况，在普通许可下，画作的著作权人可以将复制权 + 网络传播权许可给 N 个铸造者，发行出 N 个 NFT，这些 NFT 在技术上都具有非同质化，但是其代表的权利可以做到完全相同（赋予相同的权利或权益）。还有一种误解是，认为基于 NFT 的唯一性与稀缺性，映射一件艺术品的 NFT 只有唯一的一个 Token，这在技术角度上讲，也不准确。根据最新的发展，已经出现了新的变种。

在最初的 ERC721 标准下，每个智能合约只能发行一种 NFT 资产，但在 NFT 资产丰富的场景，如游戏道具，意味着要部署很多智能合约，增加对网络 Gas 费用的消耗。后来加密项目 Enjin 团队对 ERC721 做出改进，提出了 ERC1155，在该标准下，ID 代表的不是单个资产，而是资产的类别。例如，一个 ID 可能代表"剑"，而一个钱包可能拥有 1 000 把这样的"剑"。在这种情况下，balanceOf 方法将返回钱包拥有的"剑"的数量，用户可以通过使用"剑"的 ID 调用 transferFrom 来转移任意数量的这些"剑"。

目前，NFT 的智能合约已有三个常用标准：标准一，最传统的 NFT 底层协议 ERC721。ERC721 是最传统意义上的 NFT，每一个 NFT 代币都有差别，每一个 NFT 都不是完全一样的。标准二，具备 FT 特点的 NFT 协议的 ERC1155。ERC1155 是 NFT 的变种，兼具 NFT 和 FT 的特点。相比于 NFT 的每一个 ID 都有不同，ERC1155 的代币每一个"类"（class）均有区别，但是同一类别下则具备 FT 的属性，可以实现完全互换。这样的属性决定了 ERC1155 对比 ERC721 有明显的效率优势，不但具备更强的兼容性可以支持分割，还可以支持多种类型的代币，更为重要的是可以支持批量的数据传输。标准三，ERC721 的延伸 ERC998。被称为可组合非同质化代币（CNFT），它的结构设计是一个标准化延伸，可以允许每一个 NFT 由其他的 NFT 或 FT 组成。这意味着代币内的资产可以组合或组织成复杂的头寸，并使用单一的所有权转让进行交易。

此外，人们普遍认为 NFT 本身就是一种原始资产，这种认识也是错误的。是否能够作为原始资产全部权利或权益的代表凭证，仍应当视情况而定，这取决于 NFT 代表什么样的基础资产。NFT 可以是原始资产，也可以是仅存在于数字虚拟世界中的资产，如 CryptoKitties 或 CryptoPunks。同时，NFT 可以是确认你在现实世界中拥有确定资产的收据，如房地产，或者在巴黎卢浮宫博物馆展出的实物艺术品。

总而言之，通过购买 NFT，一个人只会获得所购买 NFT 的权利，即表明与该作品有某种联系的权利。但是，没有人拥有使用该作品的知识产权——任何人都无权复制、分配或执行它，当然，除非已被赋予此类权利。因此，对 NFT 的法律分析与传统知识产权的法律分析非常相似。

2）关于资产权益视角下 NFT 的法律属性

（1）法律问题一：NFT 本身到底是物权还是债权？

基于上述，我们可以清楚地理解到，就当下发行的大多数 NFT 而言，尤其对于上述的画作 NFT 而言，NFT 本身代表的是对应某种物的权利或权益的数字化、密码化及区块链化的数字凭证，是 NFT 持有人对合同相对方随时行使欣赏、观瞻、聆听权利的一种凭证。其权益或权利大小取决于双方约定和交易规则确定，实际上是一种权利凭证的交易，而背后的基础是基于信任的契约交易。其本身并非物权，而是一种权利的表征，而该权利建立在合约的基础上。当购买方获得 NFT 之后，可以依据合约的规定请求合同相对方来保障其行使权利或享有权益，如果该权利或权益不能得到保障，则可以依据合同约定来追究合同相对方的违约责任，因此，其属于基于合同项下的债权，是一种相对权,是一种请求权,并非物权本身或者知识产权本身。即便合约规定了其权利是取得物的所有权或知识产权,但该合约项下权利的本身基础仍是债权、相对权、请求权。

这一点类似于房屋买卖合同,合同本身并非代表房屋所有权,而是取得房屋所有权的基础,只有履行合同后,房屋交付并完成公示登记之后,才产生所有权的变动。在此之前,如果一方违约,守约方只能依据合同项下的权利向法院起诉要求履行合同,其请求权基础仍是基于合同,并非物权。简言之,NFT 实际上是债权凭证。

（2）法律问题二:NFT 是数字货币吗?

NFT 被称为非同质代币。但相对于 BTC、ETH 这些具有相同属性、价格的同质代币,以及基于以太坊 ERC20 发行的各种代币,NFT 则具有独一无二、稀缺、不可分割的属性,它是一种特殊类型的加密令牌,每个 NFT 有自己独特的特点。其是某种资产的权利或权益数字凭证,与不代表任何权益或权利的纯粹代表显然有所不同。

（3）法律问题三:NFT 是证券吗?

在法律实务中,关于 NFT 是否应被看作证券性质,并在美国证券交易委员会(SEC)上进行注册,已在法律层面开展讨论,尤其是在美国已经有相关的案例。根据豪威测试(Howey Test,美国最高院在 1946 年的 SEC v. Howey 的判决中使用的一种判断特定交易是否构成证券发行的标准),NFT 是否应被认定为证券,应从以下四点进行判断:其一,是否为金钱(Money)的投资;其二,该投资期待利益(Profits)的产生;其三,该投资是针对特定事业（Common Enterprise）的；其四，利益的产生源自发行人或第三人的努力。美国已经发生案例（Jeeun Friel v. Dapper Labs 案）目前尚无定论。

我国对证券的定义较窄，根据《中华人民共和国证券法》第二条第一款规定，证券的范围仅为"股票、公司债券、存托凭证和国务院依法认定的其他证券"。因此，就目前而言，NFT 认定为证券存在一定的难度。但是，根据《中华人民共和国证券法》第二条第四款："在中华人民共和国境外的证券发行和交易活动，扰乱中华人民共和国境内市场秩序，损害境内投资者合法权益的，依照本法有关规定处理并追究法律责任。"因此，如果 NFT 在国外被认定为证券，那么其发行和交易活动也可能纳入我国的保护管辖范围内。

3）关于 NFT 涉及的相关法律主体权利与义务问题

如前所述，完整的 NFT 过程中，涉及多个参与者或主体，具体为：原始作品的著作权人（也可能是数字作品的著作权人）、NFT 发行人、NFT 铸造者 & 销售平台（交易所或拍卖行）、从平台直接购买 NFT 的消费者、接受赠予者等。那么，这些主体在此过程中都各自拥有什么样的权利和义务呢？

主体一：原始作品的著作权人。对于其享有的权利在前文已作详细阐释，在此不再赘述。其义务是，必须遵守转让协议或许可协议的约定，履行相应的职责。

主体二：NFT 发行人。是负责宣传、推广、销售 NFT 的主体。其权利依据与原始作品著作权人的合同约定，行使权利不得损害或侵犯著作权人的利益。同时，应当严格遵守交易规则及与购买人之间的交易约定，保障购买方的权利或权益行使。

主体三：NFT 铸造者 & 销售平台。保证遵守合同的约定，即交易规则的约定，铸造方应当尊重著作权人的知识产权，不得侵权，在收集相关数据时应当遵守数据、网络安全相关法律法规。交易平台负有审慎的核查义务，遵守交易规则，不得串通或隐瞒，损害购买方权益。

主体四：从平台直接购买 NFT 的消费者、接受赠予者。根据交易规则及相关交易协议约定，正确行使自己的权利，不得损害著作权人的利益。

2. NFT 可能面临的法律争议及风险

1）法律风险一：知识产权侵权风险

如果将艺术品创建为 NFT，发行人、铸造人需要经艺术品著作权人授权许可，至少有两种权利必须取得许可，即《中华人民共和国著作权法》规定的复制权、网络传播权。只有许可了复制权，才可能合法地进行数字化复制；只有许可了网络传播权，才可能上链形成 NFT 并进行交易。所以，最低限度须获得艺术品原始权利人的这两项权利许可或让渡。因此，获得"复制权 + 信网权"，是 NFT 权利来源的基础保障。

如果未经著作权人许可，将其作品擅自铸造成 NFT 进行发行和交易流转，则构成对著作权人的侵权。著作权人有权追究相关侵权人的责任，如发行人、铸造人、交易平台，甚至购买人。

此外，如果被许可方超出了著作权人的许可范围，使用了著作权人的其他项权利，同样也构成侵权。还有一种情形是，模仿、剽窃他人的 NFT 作品，也同样构成侵权。

2）法律风险二：交易法律风险

NFT权利或权益大小取决于交易规则及交易双方的约定，但当下因为NFT大肆炒作，导致各方参与主体均对相关法律风险熟视无睹，这就导致实践中经常会出现以下几类潜在的纠纷或风险。

（1）交易标的定义纠纷。作为交易标的NFT，其价值取决于其稀缺性以及对应的权益大小，如果交易各方对交易标的之内涵理解产生分歧，就会引发争议。如果交易规则不清晰，容易产生歧义，交易双方约定不明，或者因一方隐瞒重大事实或欺诈，则都会影响该交易的确定性。

（2）交易标的交付风险。NFT在交易平台上被出售后，售卖方负有交付义务。如果交付的NFT与交易规则或双方约定不一致，存在瑕疵，则构成交付违约。如果因技术原因导致交付不能，则承担交付不能的违约责任。

（3）交易标的行权风险。NFT是一种权利凭证，购买方依据交易规则或交易约定去行使权利时，如果发现所行使的权利不符合约定和规则，则可以追究违约方的责任。

（4）欺诈行为。如果发行方故意隐瞒重大信息或虚构重要信息，使购买人因此购买了NFT产品，则属于欺诈销售行为，受害方有权追究其违约责任，并可以要求惩罚性赔偿。

（5）电子商务销售的犹豫期及三包。购买方在犹豫期内，可以无理由退货，销售方负有此义务。此外，过了犹豫期，销售方负有法定的三包义务：包修、包退、包换。

3）法律风险三：交易平台的法律风险

我们认为，作为NFT流转过程中重要之媒介，交易平台有着重要的作用，其承担了多种角色与职责，可能存在以下 9 项法律风险。

（1）交易平台的网络安全法律风险。《电子商务法》与《网络安全法》均对交易平台网络安全保障义务做了强制性规定，要确保网络安全、用户因素、网络稳定和交易数据的安全等。

（2）交易平台的数据法律风险。《数据安全法》与《个人信息保护法》对交易平台的数据安全能力及个人信息保护均做了明确性规定，因此，平台应加强数据的安全保障及个人信息的保护。

（3）交易平台的审核义务。交易平台应当对销售方、经营方进行审核，应当对交易标的重要信息进行核查，对权利来源、NFT 产品等进行核查，并附有配合有关主管部门进行行政管理的义务。

（4）交易平台的拍卖法律风险。如果采取拍卖方式出售NFT，则平台还应遵守拍卖法的规定，否则，将承担有关拍卖法项下的法律责任。

（5）交易平台的宣发风险。交易平台在推广销售过程中，不得虚假宣传，不得违反公募的有关规定。

（6）交易平台的交易规则。交易平台的规则与交易合同都是交易重要的法律文件，交易平台负有制定交易规则，提示交易双方，尤其是提示购买方风险的法律义务，否则，可能承担相应的法律责任。

（7）交易平台的知识产权法律风险。交易平台应当对 NFT权属、权利来源等涉及的知识产权进行核查，建立严格的知识产权保护机制，以免销售侵犯他人知识产权的 NFT 上网交易。同时，根据"避风港"原则，针对权利人的投诉，应当及时核查，并采取相应的消除措施，否则，交易平台将可能承担连带的知识产权侵权责任。

（8）交易平台管理职责风险。交易平台应做好用户身份信息管理、用户信息内容管理、交易数据和信息的管理，做好经营者或出售方 / 发行方的资质审核与认证，以保障有关各方的权益，以配合有关部门的行政管理。

（9）交易平台的合同义务。作为买卖双方之间的纽带与桥梁，交易平台参与交易之中，也因此与交易双方实际上产生相应的合同法律关系。交易平台应当严格遵守合同义务。

10.2　Web 3.0 的监管问题

10.2.1　Web 3.0 的安全监管

基于区块链技术构建的新一代网络 Web 3.0 则是元宇宙运行的网络数据基础。既然是新一代网络，也就存在网络、数据安全问题，由于涉及跨国界的用户交互，也就存在国家信息安全、企业与组织的商业秘密及个人信息与隐私的安全保护问题。因此，涉及 Web 3.0 的监管，也就必然涉及以下两大安全的监管问题。

1. 数据与网络监管

1）数据安全

首先，Web 3.0 的运行涉及数据的安全监管问题。Web 3.0 涉及诸多信息技术，其中，深度合成技术就可能集成海量数据。这些数据可能涉及国家、公共安全、企业商业秘密及个人的隐私。

而区块链技术的特征则可能使得这些数据公开化（公开透明），如何保护这些重要的数据就成了 Web 3.0 的重要问题。如何划分公共信息数据与涉及国家、公共安全、企业商业秘密及个人隐私数据的区别，采取不同的安全与加密措施，Web 3.0 如果要得以健康发展，必须先解决这个问题。

对于 Web 3.0 涉及的上述数据安全问题，必须有清晰明确的外部法律法规予以规制和监管，也要有 Web 3.0 内部的治理规则，内外结合来确保 Web 3.0 系统内数据的安全问题。对于外部法律法规而言，欧盟、美国及中国已经出台了数据安全的法律法规，注重对数据这一新型的重要的生产资料给予保护。该方面需要注意的是 Web 3.0 跨国界的数据安全问题。

此外，在 Web 3.0 治理规则中其技术设计也必须考虑数据安全问题，如公开数据与非公开数据的分级与加密保护问题、数据安全的技术保障问题等。

2）网络安全

Web 3.0，既然是新一代的网络，也就存在网络安全问题。虽然我们知道区块链技术的特性，如非对称加密技术、可追溯、去中心化网络（分布式账本）、共识机制、拜占庭将军及 51% 算力攻击问题等，但是在实践中，同样存在网络安全问题。BTC 的分叉、以太坊的分叉，以及现实中算力寡头的垄断，科技巨头实际上具有掌控 Web 3.0 系统的部分能力，这都导致理想中的区块链安全大打折扣，存在网络安全的隐患与风险。

网络安全监管机制也有内外两个机制：外部机制是现行的有关网络安全的法律法规及网络安全等级保护等技术性规章；

内部机制则是 Web 3.0 内部治理机制基于技术设置的网络安全保护，这类属于技术性的网络安全保护，避免因出现漏洞造成网络攻击。网络安全事关数据安全、信息安全及个人隐私保护。

2. 信息与隐私监管

1）信息安全

Web 3.0 涉及诸多信息技术，可能集成海量数据，这些数据将涉及国家安全、公共事务、企业商业秘密等信息。再加之 Web 3.0 天然的跨国界，又涉及这些信息数据跨境流动的问题，这就涉及国家信息安全问题。因此，同样需要加强 Web 3.0 的信息安全监管。

Web 3.0 的信息安全监管同样有内外两个机制：外部机制是现行的有关信息安全的法律法规；内部机制则是 Web 3.0 内部治理机制基于技术设置的信息安全保护，如非对称加密技术。这类属于技术性的信息安全保护，避免因出现漏洞造成网络攻击而泄露信息。

2）隐私保护

基于其运行机制和生态发展，Web 3.0 平台会收集海量的用户数据，包括从生物特征、行为模式到神经活动模式，Web 3.0 会以新的方式威胁着人们的隐私。当下由于 AI 技术的运用，基于生物特征的脸部识别技术将造成用户重要信息被抓取，一旦被非法利用和泄露，将严重影响行为人的人身安全。在 Web 3.0 的各个环节都可能涉及个人隐私的泄露。

Web 3.0 的隐私保护及安全监管也有内外两个机制：外部机制是现行的有关个人信息保护与安全的法律法规；内部机制则

是 Web 3.0 内部治理机制基于技术设置的个人信息与隐私的安全保护，这类属于技术性的个人隐私安全保护，避免因治理漏洞或技术隐患所造成的个人信息与隐私泄露。

10.2.2 Web 3.0 的治理监管

Web 3.0 的发展也必须遵守两大底线，即合法底线与科技伦理底线。所谓合法底线，是指作为下一代互联网平台想要合规经营，必须首先遵守《中华人民共和国刑法》（法律底线是《中华人民共和国刑法》）的要求，在合乎《中华人民共和国刑法》的基础上运营发展，进而去寻求遵守法律、符合法律规定的发展路径。所谓科技伦理底线，是指 Web 3.0 的创新必须遵守基本的价值观念、社会责任和行为规范。

1. 平台监管

1）针对 Web 3.0 平台本身的监管

对 Web 3.0 平台的监管，其实存在两个方面的监管：其一，就是对相关的技术本身进行监管，审查这些技术在具体行为上存在的法律、伦理问题。虽然技术是中性的，但使用技术者可以出于不同的目的，一把菜刀可以用于厨艺，也可以用于伤害他人。为此，对这些新技术的使用方向进行监管是必须的。其二，对由这些新技术构建的 Web 3.0 平台本身进行监管，这些 Web 3.0 平台涉及用户隐私、经济模型、金融服务等，均可能与现行法律法规相抵触，冲击现实世界的既有秩序，需要监管。

监管时需要兼顾两个方面：其一，是否合法，遵守法律法规的基本底线；其二，是否符合基本的科技伦理道德规范。这两个方面是判断与监督的依据与维度。

2）针对 Web 3.0 内提供服务平台的监管

Web 3.0 生态系统内会形成用户、服务提供者两类参与主体。用户有公司、组织、政府机构及个人主体。服务提供者有平台或个人等。在 Web 3.0 生态体系内，服务提供者是社交、游戏、商务、经济、金融服务、创作等重要载体，离开了这些服务提供者，Web 3.0 生态难以建立，经济活动难以持续，创作经济激励不足。因此，Web 3.0 内提供服务的平台是 Web 3.0 重要的参与主体。

2. 主体监管

对 Web 3.0 参与主体进行监管，涉及平台、DAO 的主体、NFT 相关主体的监管。对于 Web 3.0 用户主体的监管，主要在于对其用户身份的审核，以及 Web 3.0 内有关行为的审核监督。使其行为不仅要符合 Web 3.0 生态系统的治理规则，也要符合现行法律法规的规定，同时也不得违背基本的伦理道德。

3. 虚拟金融监管

Web 3.0 的经济系统构建的理念是：形成正向的，以自我激励为机制的可信、协作型社区经济。在该模式下，激励机制是根据共识机制或 DAO、智能合约等代码自动执行的。激励的标的就是 Token，而该 Token 有两种类型，一种是 FT，如 BTC、ETH 等；另一种是 NFT，这是当下火热的艺术或创作经济激励模式。此外，还有支付方式、交易模式，以及针对这些 Token 的自金融服务 DeFi 模式等，而这些都涉及 Web 3.0 内的金融服务，属于典型的虚拟金融，或者 Web 3.0 内的数字金融体系。Web 3.0 内这些金融服务是元宇宙重要的组成，是经济系统的核心。但是，这些虚拟金融服务不可避免地与现实世界的法定货币或物品产生关联，并且一定程度上冲击到法定货币，因此，既要考虑到 Web 3.0 内虚拟金融的重要作用，又要兼顾现实世界法定中的货币秩序不受冲击，这就需要科学地对 Web 3.0 内的虚拟金融进行监管。

对虚拟金融的监管主要集中在五个方面。以 NFT 监管为例，应当涉及：①涉嫌类似于 ICO 的非法集资；②涉嫌违反反洗钱、反恐怖及外汇管制的有关规定；③涉嫌非法发行证券；④关于禁止金融机构和支付机构开展与此相关的业务；⑤关于交易平台涉嫌为虚拟货币提供服务的问题。

4. 内容监管

针对 Web 3.0 内容的监管主要涉及两个方面：其一，Web 3.0 中与创作经济有关的内容所涉的知识产权问题；其二，Web 3.0 内发布的有关信息、图片、视频、音乐等涉及与现行法律法规冲突的内容。

针对与创作经济有关的内容所涉的知识产权问题，体现在最近火热的艺术品 NFT 领域，该方面的监管与规制主要是考查 NFT 界定的权利与义务，与现实世界原创作品的著作权权利关联问题。不得损害其他知识产权人的合法权利。

针对 Web 3.0 内发布的有关信息、图片、视频、音乐等涉及与现行法律法规冲突的内容，这一点是最需要关注的问题。作为新一代网络 Web 3.0，其技术特性决定了发布内容的不可篡改、可追溯等特性。那么，对于严重违反一国法律法规、违背公序良俗的内容，一旦传播，其影响及侵害范围是极大的。因此，如何有效监管 Web 3.0 内容是一个重要的内容监管问题。对于违法传播的内容及严重侵犯他人权益的内容，是否适用互联网的"避风港"原则，Web 3.0 平台是否应该负有互联网平台一样的审查义务或责任，是否应当为监管部门留下监管接口，这都是需要认真思考的问题。

10.2.3　Web 3.0 涉及的刑事犯罪问题

伴随着 Web 3.0 的火热兴起，在逐利思维的驱使下，鱼龙混杂，一些违法犯罪沉渣泛起。在 NFT 的法律属性尚未明确的背景下，如果相关平台过于盲目地开展与 NFT 有关的发行、交易活动，不仅可能导致民事与行政责任的追究，严重者亦可能涉嫌侵犯著作权罪、侵犯公民个人信息罪、非法经营罪、集资诈骗罪、洗钱罪等刑事犯罪。除此之外，随着 Web 3.0 的发展和生态建设，还可能涌现出新型的刑事犯罪，如新型的侵犯数字财产罪、新型的网络犯罪、新型的侵犯人身犯罪等。

由于 Web 3.0 跨国界的特性，这就存在跨国界、跨法域的刑事犯罪问题，这就涉及法律适用及刑事犯罪管辖问题。如果 A 国刑法认定为犯罪，B 国法律不认定为犯罪，如何适用法律？在 Web 3.0 内实施的犯罪行为，如何认定犯罪行为发生地？如何确定刑事管辖地？如果发生管辖争议，如何解决？是否存在跨境刑事合作问题？这一系列问题都带来了新型的疑难的法律问题，且都超出了现行法律的框架与理念范畴，需要在未来不断探索与研究。

10.3　他山之石：美国的 Web 3.0 法律与监管
10.3.1　美国的 Web 3.0 法律与监管[①]

关于 Web 3.0 的实践方面，美国是最为活跃的。CBInsights 统计，在 2022 年第一季度全球的区块链融资中，有63%发生在美国。与此同时，全球一多半的 Web 3.0 创业公司和投资人也集中在美国。另外，在 Web 3.0 实践丰富的同时，美国遭遇的 Web 3.0 相关问题也是最多的。例如，关于数字资产的定位、DAO 的税收义务、稳定币的监管等问题，在美国都已经有了一些案例。为此，美国也是当下 Web 3.0 监管政策最前沿与相对完备的国家。

1. 美国《关于确保负责任地发展数字资产的行政命令》

2022 年 3 月 9 日，美国总统拜登签署了第 14067 号行政令，即《关于确保负责任地发展数字资产的行政命令》，涉及了对待 Web 3.0 中的关键组成部分——加密资产的态度问题。行政令提出了有关美国数字资产政策的六个政策目标：①保护美国的消费者、投资者和企业；②保护美国和全球金融稳定，降低系统性风险；③减轻滥用数字资产带来的非法金融和国家安全风险；④加强美国在全球金融体系以及技术和经济竞争力方面的领导地位，包括通过负责任地发展支付创新和数字资产；⑤促进安全和可负担的金融服务的发展；⑥支持促进负责任地开发和使用数字资产的技术进步。这六项政策目标中，前三个目标是对数字资产可能产生的风险的防范，而后三个目标则是要保护数字资产领域的创新并维持美国在全球金融体系中的领先地位。

---

① 参见经济观察报于 2022 年 7 月 19 日网络发表的陈永伟一文《他山之石：美国的 Web 3.0 政策评介》。网站地址为 https://baijiahao.baidu.com/s?id=1738766633 594007384&wfr=spider&for=pc。

为了实现以上的政策目标，行政令提出了一系列的具体安排。

（1）要求财政部等相关机构要制定政策来切实保障美国消费者、投资者和企业的权益。

（2）鼓励监管机构加大监管力度，以防范数字资产带来的系统性金融风险。识别和减轻数字资产带来的系统性金融风险，并制定适当的政策建议以解决监管漏洞，保护美国和全球金融稳定并降低系统性风险。

（3）要求所有相关美国政府机构采取前所未有的协调行动，以减轻非法使用数字资产带来的金融和国家安全风险。

（4）要求商务部在整个美国政府中建立一个框架，以推动美国在数字资产技术方面的竞争力和领导地位，并利用数字资产技术，加强美国在全球金融体系中的领导地位。

（5）要求财政部部长负责牵头研究数字资产在普惠金融方面的创新应用和影响。

（6）在支持技术创新的同时确保负责任地开发和使用数字资产。美国政府要采取具体措施，研究和支持负责任地开发、设计和实施数字资产系统方面的技术进步，同时优先考虑隐私、安全、打击非法利用，并减少对生态环境的影响。

（7）行政令还专门要求联储等相关机构要对央行数字货币进行积极的探索。

2. 美国《负责任的金融创新法案》

2022年6月7日，美国共和党参议员辛西娅·鲁米斯（Cynthia Lummis）和民主党参议员柯尔斯藤·吉利布兰德（Kirsten Gillibrand）共同提出了一份长达168页的跨党派的立法提案——

《负责任的金融创新法案》，旨在为数字资产创建一个完整的监管框架，试图"务实"地回应 Web 3.0 监管中遇到的一些问题。这份法案包括如下七个部分。

（1）负责任的数字资产税收。Web 3.0 产生了很多新的组织模式和商业模式，这些创新对传统的税法体系产生了很多的冲击。应该如何对新的组织、新的收入来源征税？怎样征税？已经成了一个非常现实的问题。而在这一部分，法案就试图对这些问题进行一些回应，明确了去中心化自治组织（DAO）是税法意义上的商业实体，其收入应当按照税法规定纳税。

（2）负责任的证券创新。随着 Web 3.0 的发展，越来越多的个人和团体都开始发行通证（包括同质化通证和 NFT）。这些通证应该如何定性，一直是项目运营者们关注的一个问题。该法案引入了一个"辅助资产"的概念，它被定义为："通过构成投资合同的安排或计划，向买卖该资产的人发行、出售或以其他方式提供的一种无形的、可替代的资产"。根据法案的描述，辅助资产不能给予其持有人对任何商业实体的债权、股权、清算权、分红权或其他金融权利。法案认为，根据《大宗商品交易法》和《投资公司法》的相关规定，在投资合同项下提供给购买者的辅助资产原则上应该被认定是大宗商品，而不应该被认定是证券。据此，它们应该归商品期货交易委员会（CFTC），而非 SEC 监管。需要指出的是，尽管法案认为对辅助资产的管辖权应该主要划归 CFTC，但仍然认为其他监管机构可以对其保留一定程度的监督和控制。市场上的大多数不具有股权、分红权等权益的加密资产（包括各种通证）都可以被归入到辅助资产的范畴，并从法律意义上被视为大宗商品而非证券。

（3）负责任的商品创新。法案对"数字资产"和"数字资产交易"的监管框架及监管机构进行了明确。CFTC就会成为数字资产的主要监管机构。需要说明的是，法案专门做了说明，数字藏品以及"独有数字资产"并不能视为大宗商品，其监管也不能被列入以上框架。因此，CFTC对NFT没有管辖权。

（4）负责任的消费者保护。法案明确授予个人保留和控制其拥有的数字资产的权利。

（5）负责任的支付创新。对支付稳定币的发行进行了规定。只有具备存款机构牌照的主体才可以发行稳定币，并且稳定币必须以足额等值资产作支撑。法案规定货币监理署可以特许国家银行协会发行稳定币，并制定有关经营范围、资本充足率、会员出资以及复兴方案等规范。

（6）负责任的银行创新。要求美联储理事会对如何利用分布式账本技术来降低存款机构的风险，包括对降低结算、操作风险和资本充足要求等问题进行研究。

（7）负责任的部际协调。主要是涉及发展和监管Web 3.0所产生的各种问题时所涉及的跨部门协调问题。要求CFTC和SEC与数字资产中介机构和数字资产行业进行协商，研究数字资产市场的自律监管，并形成设立数字资产协会的提案。

3. 加州州长第N-9-22号行政令

美国各州也在积极推出各种政策。其中，2022年5月4日，加利福尼亚州州长加文·纽瑟姆（Gavin Newsom）签署的第N-9-22号行政令是最有代表性的。这项行政令的主要目的是为

Web 3 公司创造一个透明的监管和商业环境，并协调联邦和加州法律，平衡消费者的利益和风险，融入公平、包容和环保等加州的价值观。加州方面认为，根据该行政令和 2020 年通过的《加州消费者金融保护法》，该州将为区块链相关公司创造一个"透明和一致的商业环境"。

10.3.2　美国的 DAO 法律与监管[①]

美国法律对 DAO 的法律界定相当的灵活，DAO 的创建者可以根据自己的具体需要设立不同的 DAO 模式。具体 DAO 的法律形态及适用如下。

（1）没有正式法律实体的 DAO。DAO 可以在没有正式的法律实体的情况下运营。高度去中心化的 DAO，特别是那些活动范围狭窄 / 链外业务有限的 DAO，由于去中心化和短期业务，实际的税收或监管执法风险较小，从而限制了没有法律实体的风险，或者 DAO 由业余爱好者组成，而不是从 DAO 获得定期收入的承包商或雇员。

（2）普通合伙企业式 DAO。如果以营利为目的，或者Token 持有者可以投票将 DAO 的资金分配给自己，那么 DAO 有可能被视为事实上的普通合伙企业。

（3）非法人非营利协会。致力于非营利目标的 DAO 可以组建非法人非营利协会，这类似于非法人合伙的非营利版本，但可以提供成员有限责任。

---

① 　参见《Carbon Equal Dao 蔡宋辉：全面解读美国法律下 DAO 组织的法律结构》一文。网络地址为 https://baijiahao.baidu.com/s?id=1738113111246778217&wfr=spider&for=pc

适用于：拥有以美国为中心的成员或活动的 DAO，具有真正的非营利目的，希望获得更大的监管和税收确定性，并自愿加入美国公司税。

（4）有限合作协会。一个 DAO 可以组建一个有限合作协会（Limited Cooperative Association），这是一个将传统的合作社与更灵活的资本结构和治理框架相结合的实体。

适用于：拥有以美国为中心的成员的 DAO，希望成员成为 DAO 的积极贡献者（少数例外），并希望遵守现代合作社原则。不适合成员基础很不稳定并希望保持匿名的 DAO。

（5）孤立实体。一个 DAO（其创始人或 Token 持有者）可以组建一个法律实体，承担 DAO 或协议的特定活动（例如，作为 Token 卖方），或者持有特定资产。

适用于：DAO 的子分支，或者个人 Token 持有者希望组建一个实体，来隔离责任和税收。有一个相对明确的成员群体的 DAO，其活动的监管风险相对较低，需要一个法律实体与传统的服务提供商互动。

（6）完整的有限责任公司。DAO（其创始人或 Token 持有者）可以组建一个有限责任公司，DAO 成员将成为该公司的所有者。

适用于：有相对较少的、明确的、高度稳定的成员群体的 DAO（如投资 DAO）。

10.3.3　美国对 NFT 的监管态度

2021 年 3 月，美国 SEC 委员 Hester Peirce 向发行者发出了严厉警告，称分割后的 NFT 可能会被归类为证券。在证券型通证峰会（Security Token Summit）上，行业参与者给出了他们对证券型通证行业最新发展和未来路线图的想法。Peirce 在会中表示："最好不要创建投资产品，那将被归类为证券，并被涵盖在证券法的监管之下。"这与其此前批评 Howey Test 的观点相一致，后者用于测试资产是否为证券。Pierce 称，Howey Test 的逻辑既不能很好地适用于数字资产，也不适用于实物资产（Markets Insider）。

此外，2021 年 6 月 4 日美国众议员 Peter A. DeFazio 提交了《Investing in a New Vision for the Environment and Surface Transportation in America Act or INVEST in America Act》，即投资于美国环境和地面运输新愿景或者投资美国法案（H.R.3684）。该基础设施法案增加了一项新条款，扩展税法对"经纪人"的定义，将"任何（为报酬）负责并定期提供任何实现数字资产转移服务的人"包括在"经纪人"之内。法案显示，新基础设施法案计划向加密交易所和其他相关各方（钱包开发商、硬件钱包制造商、多重签名服务提供商、流动性提供商甚至可能是矿工等）采用新的信息报告制度。任何转让数字资产的经纪人都需要根据修改后的信息报告制度提交报告，从而使与加密货币交互的个人或机构可能必须开始报告他们的交易，以便对加密货币实施征税。

就目前而言，美国对 BTC、以太坊等主流虚拟货币还是持积极的态度，已先后审批了多只有关 BTC 的 ETF 指数基金。而提供 BTC 等主流虚拟货币交易的美国交易所 Coinbase 的上市，也足以证明美国对此行业的宽容。因此，相对于 BTC 等加密货币而言，NTF 涉及的法律监管问题理应更为宽松和宽容。

后记

1. 畅想 Web 3.0 的未来

Web 3.0 是下一代互联网的组成部分，也可以称为价值互联网，是元宇宙建设的初期阶段。Web 3.0 具有经济学中描述的突破性创新的特点，它会将我们带入下一个时代，将会带给比当前信息互联网更多、更剧烈的变化，从而创造一个崭新的未来。

2. 当前的机遇与局限

当前我们刚刚进入 Web 3.0 时代，这个时代的全新面貌还没有完全展现出来，很多新事物，如 NFT 的全部功能和使用场景也没有展现，应该说很多 Web 3.0 的主流应用都没有出现。但当前已经出现的新事物已经表现出强大的生命力，这个领域的细分领域都有很多创始团队拿到金额不低的融资，如 Web 3.0 的数据分析领域。Web 3.0（包括元宇宙）可以与我们所有的行业结合，从而推动人类社会的发展。这个时代会比移动互联网产生更大的影响力，值得我们所有人学习和探索。

3. 学习与应用 Web 3.0

如果想学习和应用好 Web 3.0，区块链这个基础设施的学习必不可少。区块链的知识分为两部分：技术部分和经济学部分。技术部分推荐笔者所著的《区块链知识——技术普及版》，其中包含了构建区块链全部的底层知识系统。经济学部分可以参阅笔者所著的《区块链经济模型》，其中系统地讲解了区块链中的经济学基本知识，并对照传统经济学相关问题，进行了对比说明。

对区块链知识的学习，直到能够深刻理解这句话："共识算法是区块链的灵魂；加密算法是区块链的骨骼；经济模型是区块链的核能。"

设计和开发 Web 3.0 的应用，需要理解 Web 3.0 的核心特征：以用户为中心（去中心化）、拥有经济模型激励、自治与共治。

参考文献

[1] 广发证券.从 PC 到 Mobile，互联网发生了什么？[D]. 2018.

[2] 姚前.Web 3.0：渐行渐近的新一代互联网 [EB/OL]. https://mp.weixin. qq.com/s/KMOG0bdM5y8m3JfDDwBr1A，2022.

[3] CNNIC 中国互联网络信息中心.第 48 次中国互联网络发展状况统计报告 [D].2021.

[4] 吴军.智能时代 [M].北京：中信出版社，2020.

[5] TokenInsight.TokenInsight NFT 行业报告 – 2022 上半年 [D].2022.

[6] Alex Zuo, Ellaine Xu, Walon Lin, Caroline Li, Yuwei Hou.NFTFi 深度解析 [D].Cobo Ventures. 2022.

[7] 观火文化数字化产业智库.全球 NFT 数字藏品市场发展研究报告.2022 上半年 [D]. 2022.

[8] 于佳宁，何超.元宇宙 [M].北京：中信出版社，2021.

[9] 赵国栋，易欢欢，徐远重，等.元宇宙 & 元宇宙通证套装 [M].北京：中译出版社，2021.

[10] 方凌智，沈煌南.技术和文明的变迁——元宇宙概念研究 [D].产业经济评论，2022.

[11] Newzoo，伽马数据.2021 元宇宙全球发展报告 [D]. 2021.

[12] 清华大学新闻与传播学院新媒体研究中心.2020—2021 年 元宇宙发展研究报告 [D]. 2021.

[13] 清华大学新闻与传播学院新媒体研究中心.元宇宙发展研究报告 2.0 版 [D]. 2022.

[14] 约瑟夫·熊彼特.经济发展理论 [M]，王永胜，译.上海：立信会计

出版社，2017.

[15] 菲利普·阿吉翁. 创造性破坏的力量——经济剧变与国民财富 [M]. 北京：中信出版社，2021.

[16] Tim O'Reilly. What is Web 2.0[EB/OL]. https://www.oreilly.com/pub/a/web2/archive/what-is-web-20.html

[17] Gavin Wood. Insights into a Modern World: DApps: What Web 3.0 Looks Like[EB/OL].http://gavwood.com/Web 3lt.html

[18] Chainlink. 一文读懂跨链智能合约 [EB/OL]. https://blog.chain.link/cross-chain-smart-contracts-zh/

[19] BlockData. BlockChain adoption by the worlds top 100 public companies[D]. 2022.

[20] Jerry Sun. Explain It Like I'm 5: GameFi[EB/OL]. https://messari.io/article/explain-it-like-i-m-5-gamefi，2021.

[21] @austinrobey_Marv，@eccogrinder. 2021 Social Token Tools[EB/OL]. https://forefront.market/learn/social-tokens/tools.2021.

[22] Preethi Kasireddy. The Architecture of a Web 3.0 application[EB/OL]. https://www.preethikasireddy.com/post/the-architecture-of-a-web-3-0-application，2021.

[23] Vitalik Buterin. DAOs, DACs, DAs and More: An Incomplete Terminology Guide[EB/OL]. https://blog.ethereum.org/2014/05/06/daos-dacs-das-and-more-an-incomplete-terminology-guide/,2014.

[24] Vitalik Buterin. Notes on Blockchain Governance[EB/OL]. https://vitalik.ca/general/2017/12/17/voting.html, 2017.

[25] Vitalik Buterin. Moving beyond coin voting governance[EB/OL]. https://vitalik.ca/general/2021/08/16/voting3.html, 2021.

[26] Coopahtroopa. DAO Landscape[EB/OL]. https://coopahtroopa.mirror.xyz/_EDyn4cs9tDoOxNGZLfKL7JjLo5rGkkEfRa_a-6VEWw,2021.

[27] Packy McCormick. The Dao of DAOs[EB/OL]. https://www.notboring.co/p/the-dao-of-daos,2021.

[28] Steven Johnson. "Let's Run The Experiment"：A conversation with

Chris Dixon about DAOs and the future of organizations online[EB/OL]. https://adjacentpossible.substack.com/p/lets-run-the-experiment-a-conversation,2021.

[29] Ryan Sean Adams. How to create a bankless DAO[EB/OL]. https://newsletter.banklesshq.com/p/how-to-create-a-bankless-dao.2020.

[30] Kei. How to get paid by DAOs[EB/OL]. https://newsletter.banklesshq.com/p/how-to-get-paid-by-daos.2021.

[31] Lucas Campbell. A Prehistory of DAOs[EB/OL]. https://gnosisguild.mirror.xyz/t4F5rItMw4-mlpLZf5JQhElbDfQ2JRVKAzEpanyxW1Q. 2021.

[32] 陈永伟文章《他山之石：美国的 Web 3.0 政策评介》https://baijiahao.baidu.com/s?id=1738766633594007384&wfr=spider&for=pc.

[33] 蔡宋辉文章《Carbon Equal Dao 蔡宋辉：全面解读美国法律下 DAO 组织的法律结》https://baijiahao.baidu.com/s?id=1738113111246778217&wfr=spider&for=pc.